动力和储能电池理论与技术丛书

新能源材料合成与制备

主　编　杨茂萍　于婷婷　张　峥

副主编　高玉仙　陈　方　梁　鑫

参　编　李道聪　龙君君　陈书航　张志伟　谢劲松　杨文娟
　　　　梁　升　刘伶俐　胡　磊　王黎丽　金　鑫　杜浩然
　　　　丁欣凯　计思涵

机械工业出版社

能源是现代社会发展的基石，新能源材料在解决能源危机和环境污染方面具有巨大的潜力。本书作为"动力和储能电池理论与技术丛书"之一，在总结了新能源行业的发展背景与各类新能源电池的材料背景后，以材料合成制备的物理法与化学法为主要讲述对象，介绍了行业中常见的各类合成材料的制备手段，主要包括：破碎粉磨法、物理气相沉积法、雾化法、高温固相法、沉淀法、水热/溶剂热法、化学气相沉积法等，并介绍了以静电纺丝技术和磁控溅射技术为代表的新合成制备技术。

本书从企业培训和院校教育双视角出发，旨在为读者提供完整的、紧密连接国内行业的新能源材料合成与制备方法的原理、设备和特征，助力新能源产业人才培养。

图书在版编目（CIP）数据

新能源材料合成与制备／杨茂萍，于婷婷，张峥主编. -- 北京：机械工业出版社，2024.8. --（动力和储能电池理论与技术丛书）. -- ISBN 978 - 7 - 111 - 76245 - 4

Ⅰ. TK01

中国国家版本馆 CIP 数据核字第 2024WU6986 号

机械工业出版社（北京市百万庄大街 22 号　邮政编码 100037）
策划编辑：吕　潇　　　　责任编辑：吕　潇
责任校对：曹若菲　张　薇　封面设计：马精明
责任印制：单爱军
北京虎彩文化传播有限公司印刷
2024 年 9 月第 1 版第 1 次印刷
169mm×239mm · 8.75 印张 · 147 千字
标准书号：ISBN 978-7-111-76245-4
定价：59.00 元

电话服务　　　　　　　　网络服务
客服电话：010-88361066　　机　工　官　网：www.cmpbook.com
　　　　　010-88379833　　机　工　官　博：weibo.com/cmp1952
　　　　　010-68326294　　金　书　网：www.golden-book.com
封底无防伪标均为盗版　机工教育服务网：www.cmpedu.com

前　言

近年来，为支撑"双碳"战略高质量续航发展，国家陆续出台了多项政策，鼓励动力电池行业发展与创新，《新能源汽车动力蓄电池梯次利用管理办法》《制造业设计能力提升专项行动计划（2019—2022 年）》《新能源汽车产业发展规划（2021—2035 年）》等产业政策为动力电池行业的发展提供了明确、广阔的市场前景，截至 2023 年 8 月底，我国新能源汽车保有量达 1847.4 万辆，占汽车总量的 5%，连续多年产销量位居全球前列。而相较于新能源产业的迅猛发展，我国相应的专业教育相对滞后，未来新能源领域的专业人才缺口巨大。

编者从动力与储能电池龙头企业的实际生产需求出发，联合高等院校的教学实践经验，面向未来新能源材料领域从业的职业素养要求，整理编写了本书。在编写过程中注意把握新能源材料的发展趋势，引入材料合成与制备的最新知识和最新应用，从结构和基本原理出发，介绍各种化学与物理合成技术的发展历史、重要参数、技术特点等基础知识。全书整体叙述深入浅出，对新能源材料的合成与制备从原理到应用都做了详细、全面和深入的介绍和分析。

本书共 4 章，第 1 章是新能源材料的总体简介，主要包括新能源行业介绍、太阳电池材料、燃料电池材料、锂离子电池材料等；第 2 章介绍了材料合成制备方法中的物理法，主要包括破碎粉磨法、物理气相沉积法、雾化法等；第 3 章为本书的重点，介绍了材料合成制备过程中使用到的各类化学方法，主要包括固相法（高温固相法）、沉淀法、水热/溶剂热法、化学气相沉积法等；第 4 章为展望部分，介绍了新能源材料的各类新型合成与制备技术，主要包括静电仿丝技术和磁控溅射技术。

本书由校企联合开发编写，书中介绍的应用案例均取材于企业的生产实践，再整合转化为院校教学内容，由国轩高科股份有限公司的杨茂萍、张峥，合肥大学的于婷婷联合担任主编，由国轩高科股份有限公司的高玉仙、陈方，合肥大学的梁鑫联合担任副主编，参与本书编写的还有国轩高科股份有限公司的李道聪、龙君君、陈书航、张志伟，合肥大学的谢劲松、杨文娟、梁升、刘伶俐、胡磊、王黎丽、金鑫、杜浩然、丁欣凯、计思涵，编者团队参阅了国内外相关领域的资料，在此向原作者表示衷心感谢。

本书可供从事动力电池产品研发、生产和管理等方面的工程技术人员阅读，也可作为应用型本科及高职院校的新能源材料与器件、储能材料技术、新能源汽车技术、新能源汽车检测与维修技术等相关专业师生的参考书。

限于编者水平，疏漏之处在所难免，恳请读者不吝赐教。

目 录

第 4 章　新合成制备技术 ·· 110

第1章

新能源材料简介

1.1 新能源

　　能源是一个国家发展的命脉，是衡量一个时代经济发展和科学技术水平的重要标志，是人类文明的先决条件，是人类赖以生存发展的重要物质基础。人类社会的一切活动都离不开能源，从衣食住行到文化娱乐，都要直接或间接地消耗一定数量的能源。当能源主要依靠燃烧化石燃料（如煤炭、石油、天然气等）而获取时，因为大量燃烧化石燃料会带来多种环境问题（尤其是气候变化问题），同时化石燃料不可再生，资源终将枯竭，所以能源消耗越高，越会影响人类社会的可持续发展。1980 年联合国召开的"联合国新能源和可再生能源会议"对新能源的定义为：以新技术和新材料为基础，使传统的可再生能源得到现代化的开发和利用，用取之不尽、周而复始的可再生能源取代资源有限、对环境有污染的化石能源，重点开发太阳能、风能、生物质能、海洋能、地热能和氢能。新能源产业作为代表性的新兴产业之一，是我国未来能源产业发展的主要方向。在能源需求总量不断增长的背景下，必须不断提高新能源使用的比例，使经济发展逐渐向绿色低碳发展转变，实现"双碳"目标。

　　新能源与新材料是国家"十四五"规划部署的重要领域，对于建设清洁低碳、安全高效的能源体系至关重要。新能源材料是指实现新能源的转化和利用以及发展新能源技术中所要用到的关键材料，它是发展新能源技术的核心和新能源应用的基础。从材料学的本质和能源发展的观点看，能储存和有效利用现有传统能源的新型材料也可以归属为新能源材料。新能源材料覆盖了镍氢电池材料、锂离子电池材料、燃料电池材料、太阳电池材料、反应堆核能材料、发展生物质能所需的重点材料、新型相变储能和节能材料等。电池材料的开发是重要的一环。下面介绍三种电池体系以及三种电池体系所用材料。

1.2 太阳电池材料

太阳能是一种洁净、安全、经济的自然能源，每年以太阳光的形式送到地球。达到地球的总能量大约相当于全世界的煤、石油和天然气蕴含总能量的 130 倍，目前，人们只利用了太阳照射到陆地的能量的万分之一左右。如何实现太阳能最大限度地开发利用，就有着重要的意义。太阳能的光电转换利用是近些年来发展最快、最具活力的研究领域。太阳电池是利用太阳光与材料相互作用直接产生电能的器件。由于半导体材料的禁带宽度（$0 \sim 3.0 eV$）与可见光的能量（$1.5 \sim 3.0 eV$）相对应，所以当光照射到半导体上时，能够被部分吸收，产生光伏效应，太阳电池就是利用该效应制成的。太阳能光伏发电最核心的器件是太阳电池。

太阳电池材料是指能将太阳能直接转换成电能的材料，大致可按其材料结构分为以下三类：硅基光伏电池、薄膜光伏电池和新型光伏电池。

硅基光伏电池使用单晶硅、多晶硅作为光伏材料。单晶硅太阳能电池具有高效率、长寿命、性价比高等优势，但是制备工艺和成本较高；多晶硅太阳电池具有制作方法简单、成本低廉、光电转换效率低等特点，是目前应用最广泛的光伏电池。硅基光伏电池转换效率一般在 $15\% \sim 25\%$ 之间。由于使用晶体硅材料，因此其成本和质量的下降空间有限，其转换效率很难进一步提高。

薄膜光伏电池使用砷化镓、碲化镉、铜铟镓硒、非晶硅薄膜等作为光伏材料，光电转换效率高，但因成本很高，限制了它的应用。

新型光伏电池是具有理论高转化效率以及低成本优势的新概念电池，主要有染料敏化光伏电池、钙钛矿光伏电池、有机太阳电池以及量子点太阳电池等。钙钛矿电池为第三代新型太阳电池，效率提升速度快且潜力大。钙钛矿材料指 ABX_3 有机－无机金属卤化物（A 为有机阳离子、B 为二价金属阳离子、X 为卤素离子），目前较常见的钙钛矿太阳电池原材料为碘铅甲胺

（MAPbI$_3$）。钙钛矿太阳电池诞生十余年，单结效率已从 3.8% 跃升至 25.7%；单结/叠层理论极限效率分别高达 33% 和 45%，且仍有较大提升空间。目前为了提高钙钛矿电池的稳定性主要有两种基本思路：一是从钙钛矿电池材料出发，抑制材料在使用过程中产生分解；二是采用合适的电池封装技术，阻碍电池与外界环境发生反应。太阳电池的核心是能够吸收光子并产生电子的半导体材料，材料的性质与其合成方法技术息息相关。

1.3 燃料电池材料

燃料电池是近年来发展最为迅猛的新能源技术之一，可在中高温条件下直接将燃料的化学能高效、低碳、环保地转化成电能，发电效率可达 60% 以上，联产效率可达 85% 以上，同时具有绿色低碳、不使用贵金属等优势，能够使用天然气、氢气、生物质气、甲醇等多种燃料，其高效率和低排放的特点使其成为清洁能源发电的理想选择。

人们根据电解质不同，将燃料电池分为下列五类：质子交换膜燃料电池（Proton Exchange Membrane Fuel Cell，PEMFC）、碱性燃料电池（Alkaline Fuel Cell，AFC）、磷酸盐燃料电池（Phosphoric Acid Fuel Cell，PAFC）、熔融碳酸盐燃料电池（Molten Carbonate Fuel Cell，MCFC），以及固体氧化物燃料电池（Solid Oxide Fuel Cell，SOFC）。根据开发历程，一般将 PAFC 称为第一代燃料电池，将 MCFC 称为第二代燃料电池，将 SOFC 称为第三代燃料电池。目前，AFC 一般应用于航天飞船，PEMFC 一般应用于电动车，PAFC、MCFC 与 SOFC 应用于静置式发电站。

SOFC 在能源转换方式上和普通电池一样，但是作为一种电化学转化装置，它的工作模式和机理又和传统电池不相同。传统电池拥有固定的存储容量，当电池的内部活性物质消耗完时，需要重新填入活性物质或者进行充电。而 SOFC 在外部能够提供充足的燃料和氧化剂的条件下，放电反应可以持续进行，其工作原理如图 1-1 所示。以氢气燃料为例，电池系统开始工作时，氢气（H$_2$）进入阳极后在具有催化活性的阳极材料内失去电子变成氢离子（H$^+$）；空气中的氧气（O$_2$）进入阴极一侧后获得电子变为氧负离子（O^{2-}），通过固体氧离子导体穿过电解质层进入阳极一侧；在高温条件下与 H$^+$ 结合生成水，阳极失去的电子在外电路产生电流。其化学反应方程式如下：

阴极： $\qquad O_2 + 4e^- \rightarrow 2O^{2-}$ $\qquad$ (1-1)

阳极： $\qquad 2H_2 + 2O^{2-} \rightarrow 2H_2O + 4e^-$ $\qquad$ (1-2)

总反应方程式： $\qquad 2H_2 + O_2 \rightarrow 2H_2O$ $\qquad$ (1-3)

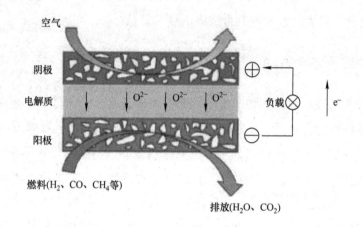

图 1-1 SOFC 工作原理

单个的固体氧化物燃料电池结构简单，由两个多孔电极，夹在中间的致密导电电解质和连接材料（连接体）组成，如图 1-2 所示。

阳极材料是 SOFC 的核心部件之一，也是主要的催化反应场所之一。SOFC 的阳极区需要进行 H_2 的催化反应，运行过程中 H^+ 与 O^{2-} 结合并将反应过程中释放的 e^- 传递到外电路中，因此 SOFC 阳极材料要求：

1）良好的催化活性；

2）离子电导性与电子电导性较好；

3）还原气氛下足够稳定；

4）与电解质材料的热膨胀系数（Thermal Expansion Coefficient，TEC）匹配，避免运行高温条件下因膨胀应力出现电池材料开裂现象，致电池性能降低；

5）具有良好的化学稳定性与高化学兼容性；

6）具有合适的孔隙率，维持电池运行时的多孔性，为反应界面提供充足

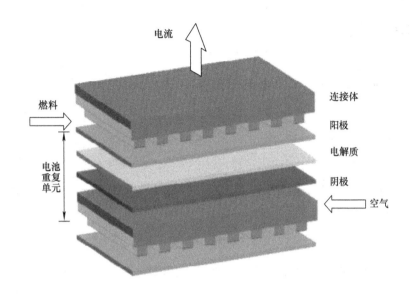

图 1-2 平板式 SOFC 一个堆栈重复单元的结构示意图

的燃料气体。高电子导电性的材料均可应用于阳极。

Ni、Fe、Ag、Pt、Co 等都可以被制成阳极材料，常用的有 Ni 基金属陶瓷阳极材料、Cu 基金属陶瓷阳极材料、ABO_3 型钙钛矿阳极材料。

阴极是固体氧化物燃料电池发生氧化还原反应的关键场所，阴极材料应具有以下几种特性：

1）拥有优异的电子导电性能和离子导电性能；

2）与电解质和连接体材料形成良好的化学相容；

3）热膨胀系数与电解质匹配；

4）良好的物理化学稳定性；

5）足够的孔隙率和大的比表面积。

目前已研究的阴极材料依据结构特点可分为：钙钛矿（ABO_3）结构、双钙钛矿（$A_2B_2O_6$）结构、类钙钛矿（$A_{n+1}B_nO_{3n+1}$）结构、尖晶石结构、其他结构阴极材料以及复合阴极材料 6 种。

电解质作为 SOFC 的中心部位，在很大程度上决定了 SOFC 的工作效率，在相同温度下，不同的材料离子传输能力存在着很大的差异。优质的电解质材料具有以下优点：

1）良好的烧结性，易制备致密的薄膜；

2）良好的离子传导性和电绝缘性，需要有足够高的离子电导率和足够低的电子电导率；

3）良好的气密性，能将氧化性和还原性气体分隔开；

4）良好的稳定性，包括化学稳定性和较高的机械强度，完成氧化还原反应，不与燃料、氧气、阴极、阳极或封装材料等发生化学反应，运行中有相匹配的 TEC；

5）原料容易获得，成本低且耐用性强。

其中，导电性、化学稳定性、机械强度和烧结性是表征电解质材料性能的主要参数。

固体氧化物燃料电池中连接体同时暴露在阴极侧的氧化性气氛和阳极侧的还原性气氛下。除了起到双极板的作用外，连接体还起到分流板的作用，将阳极腔中的燃料气与阴极腔中的空气或氧气分离，同时还有助于保持 SOFC 电堆的结构完整性。连接体必须满足下列要求：

1）在 SOFC 工作温度和气氛（阴极氧化和阳极还原）条件下，连接体必须表现出良好的导电性，最好是近 100% 的电子传导；

2）在 SOFC 运行环境下，连接体在尺寸、微观结构、化学和相方面要具有足够的稳定性；

3）连接体应具有良好的氧、氢隔离性，防止电池运行中氧化剂与燃料的直接结合；

4）在环境温度和工作温度下，连接体的 TEC 应与电极和电解质的 TEC 相匹配；

5）在运行条件下，连接体及其相邻部件，特别是阳极和阴极之间不能发生反应或相互扩散。

连接体常用材料如：掺杂的铬酸镧、合金连接体等。目前的发展趋势是合金连接体表面制备高性能涂层或开发新型的连接体材料。目前，太原钢铁集团有限公司首次开发出超级超纯铁素体 TFC22 – X 连接体材料并实现批量供货，填补了国内空白，为我国战略性新兴行业发展注入强劲动力。

1.4　锂离子电池材料

锂离子电池因具有高能量密度和高输出电压、可充电、无记忆效应、环境友好等优点，近些年发展迅速，已被运用到便携式电子产品、通信设备、电动汽车、电力储能设备等领域。其相关材料的研究也是新能源领域科技发展中的重要内容之一。锂离子电池主要由正极材料、负极材料、隔膜和电解液构成，正极材料作为锂离子的"供体"，直接决定了锂离子电池的能量密度、安全性等关键性能，成本占比达到整个电芯的45%。负极材料则是锂离子的"受体"，要确保在电池充电过程中有足够的空间和效率容纳锂离子，对电池的快充性能影响较大，成本占比约为整个电芯的15%。电解质是锂离子在正负极之间移动的"媒介"，在传统有机电解液体系中是锂离子"远渡重洋的船"，而在固态电池体系中则是锂离子"跨越天堑的桥"，成本占比约为20%。隔膜的主要作用是使电池的正、负极分隔开来，防止两极接触而短路，此外还具有能使电解质离子通过的功能，成本占比约为10%。

正极材料是锂离子电池性能"木桶效应"中的短板所在，正极材料的技术水平创新对提高电池的性能、降低电池的成本起关键作用。目前商业化的锂离子电池正极材料主要分为四大类，分别为钴酸锂（$LiCoO_2$）、锰酸锂（$LiMn_2O_4$）、磷酸铁锂（$LiFePO_4$）和镍钴锰（铝）酸锂三元材料（$LiNi_{1-x-y}Co_xM_yO_2$，M 为 Mn 或 Al）。

商业化的锂离子电池负极材料主要分为碳系负极材料和非碳系负极材料两大类。石墨是碳系负极材料的主流，根据得到石墨方式的不同，分为人造石墨和天然石墨。非碳系负极材料主要分为合金类材料和氧化物材料等复合类材料。

电解液作为锂离子电池的重要组成部分，肩负着在正负极之间传导离子的重任，同时，它还与电池的比容量、循环稳定性和安全性等关键技术指标有着紧密的联系。从锂离子电池的性能与安全性的角度出发，电解液需要满足以下要求：

1）具有较宽的工作电位；

2）稳定性高，在充放电过程中少发生甚至不发生副反应；

3）具有较高的离子导电率。

由于单一溶剂的电解液很难同时满足上述要求，因此商业化的锂离子电池通常选用多溶剂混合型电解液。电解液中锂盐的种类对电解液的稳定性同样具有很大的影响。多项研究证实了在不同溶剂和不同电极材料体系下，不同的锂盐具有不同的氧化电位。例如当电极材料选用 $Li_{1-x}Mn_2O_4$，电解液溶剂选用碳酸乙烯酯（EC）和二乙氧基乙烷（DEE）的混合溶剂时，一些常用的锂盐的氧化电位降序排位如下：$ClO_4^- > N(CF_3SO_2)^- > CF_3SO_3^- > AsF_6^- > PF_6^- > BF_4^-$，但是将 DEE 替换为 DMC 时，这些锂盐的排位顺序变为$ClO_4^- \approx PF_6^- \approx BF_4^- > AsF_6^- > N(CF_3SO_2)^- > CF_3SO_3^-$。因此电解液的选择需要根据具体情景进行具体的设计。

除此之外，电解液中的添加剂也对电池的循环稳定性有着显著的影响，因为这些添加剂有助于形成稳定的固体电解质界面（Solid Electrolyte Interphase，SEI）膜，稳定的 SEI 膜可以作为保护层来防止电解液和电极材料发生反应，从而提高电池的循环稳定性。这些添加剂包括 $LiBF_2(C_2O_4)$、四甲醇钛和甲烷二磺酸亚甲环酯（Methylene Methanedisulfonate，MMDS）等。当前市场上的隔膜有多种，包括微孔聚烯烃隔膜、改性聚烯烃隔膜、无纺布隔膜及纤维素隔膜。

新能源材料的纯度、粒径分布、形貌、稳定性与材料的性能有很大关系，而材料的这些性质与材料的合成工艺密切相关。新型材料的制备方法的研究是现代材料科学的重要研究领域。通过选择合适的制备方法，能够有效地提高材料的品质和应用价值。

第 2 章

物 理 法

　　材料的制备方法主要包括物理方法和化学方法两种。物理方法是指通过物理或者力学原理进行材料的制备，将材料从大块变成具有一定粒径的材料，材料的粒径和形貌发生变化。因材料变化过程中的状态不同，又分以力学为主和以相变为主的两种。从 20 世纪初开始，物理学家就开始考虑制备金属微纳米材料，其中最早制备金属及其氧化物微纳米材料采用的是蒸发法，采用光、电、热技术使材料在真空或惰性气体中蒸发，然后使其形成小颗粒，具体来说有物理气相沉积法和雾化法等。它是在惰性或不活泼气体中使物质加热蒸发，蒸发的金属或其他物质的蒸气在气体中冷却凝结，形成极细小的纳米粒子，并沉积在基底上。

　　除了涉及相转变的，利用以破碎、球磨等力学过程为主，使块状或大颗粒材料形成小颗粒的制备过程也称为机械制备法，如球磨法。利用这一方法，人们制得了各种金属及合金化合物等几乎所有物质的纳米粒子。自从人们发现了纳米粒子具有特殊的电、磁、光等特性后，科学家开始对纳米粒子进行研究，包括对纳米粒子基本制备方法的探索。其中最先被考虑的粒子细化技术方案并加以实施的是机械粉碎法。通过改进传统的机械粉碎技术，使各类无机非金属矿物质粒子得到了不断细化，并在此基础上形成了大规模的工业化生产。然而，最早的机械粉碎技术还不能使物质粒子足够细，其粉碎极限一般都为数微米。直到近十几年来，用高能球磨、振动与搅拌磨及高速气流磨，使得机械粉碎造粒极限值有所改进。目前，机械粉碎能够达到的极限值一般在 $0.5\mu m$ 左右。

　　随着科学与技术的不断进步，人们开发了多种化学和物理方法来制备纳米粒子，如溶液化学反应、气相化学反应、固体氧化还原反应、真空蒸发及气体蒸发等。采用这些方法人们可方便地制备金属、金属氧化物、氮化物、碳化物、超导材料、磁性材料等几乎所有物质的纳米粒子。这些方法有些已经在工业上开始试用。但这类制备方法中尚存在一些技术问题，如粒子的纯度、产率、粒径分布、均匀性及粒子的可控制性等。这些问题无论是在过去还是现在，都是工业化生产中应予以考虑的问题。

2.1 破碎粉磨法

破碎粉磨法以破碎、球磨等力学过程为主，用动能来破坏材料内部的结合力，使材料分裂产生新的界面，块状或大颗粒材料形成小颗粒。在金属、非金属、有机、无机、药材、食品、日化、农药、化工、电子、军工、航空及航天等领域或行业广泛应用。

这种方法的意义在于：

1）有利于不同组分的分离，用于选矿及除去原料中的杂质；

2）粉碎使固体物料颗粒化，将具有某些流体性质，而具有良好的流动性，因而有利于物料的输送及给料控制；

3）减少固体颗粒尺寸，提高分散度，因而使之容易和流体或气体作用，有利于均匀混合，促进制品的均质化；

4）把固体物料加工成为多种粒级的颗粒料，采用多级颗粒级配，可以获得紧密堆积，因而有利于提高制品的密度，而且粉碎加工可破坏封闭气孔，也有利于提高制品的密度；

5）颗粒尺寸愈小，其比表面积也就愈大，表面能也愈大，因而可促进物理化学反应速度，促进陶瓷和耐火材料的烧结，提高水泥的水化活性，加速玻璃配合料的熔化速度。

2.1.1 物料具备的基本性质

1）强度：材料承受外力而不被破坏的能力，通常以材料破坏时单位面积所受力表示。

2）脆性：材料在外力作用下而破坏时，无显著的塑性变形或仅产生很小的塑性变形就断裂破坏，其断裂处的端面收缩率和延伸率都很小，断裂面较粗糙。

3）韧性：材料在外力作用下，发生断裂前吸收能量和进行塑性变形的能力。

4）硬度：材料抵抗弹性变形、塑性变形或破坏的能力，是指材料弹性、塑性、强度和韧性等力学性能的综合指标。

2.1.2 施力方式

材料破碎的实质就是利用动能来破坏材料的内结合力，使材料分裂产生新的界面。能够提供动能的方法可以设计出许多种，例如有锤捣、研磨、辊轧等，其中除研磨外，其他几种粉碎方法主要是用于物料破碎及粗粉制备的。物料颗粒因机械力作用而被粉碎时，还会发生物质结构及表面物理化学性质的变化，这种因机械力作用导致颗粒晶体结构和物理化学性质的变化称为机械力化学。

施力方式分为4类：挤压、劈裂、摩擦剪切和冲击。

1）挤压：粉碎设备的工作部件对物料施加挤压作用，物料在压力的作用下粉碎（如图2-1a所示）。其特点是：作用力缓慢均匀，物料粉碎过程也较均匀，多用于硬质和大块物料的粗磨。

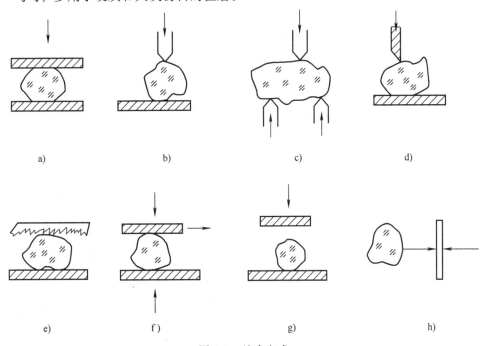

图2-1　施力方式

2）劈裂：物料受楔形工作体的作用，即受到弯曲作用力而粉碎（如图 2-1b～d 所示）。

3）摩擦剪切：物料在两个工作面间，受研磨介质对物料的粉碎和物料相互之间的摩擦作用，靠研磨介质对物料颗粒表面的不断磨蚀而实现粉碎。包括磨削（如图 2-1e 所示）和研磨（如图 2-1f 所示），多用于韧性物料和小块物料的细磨。

4）冲击：使物料在瞬间受到外来的冲击力作用而破碎（如图 2-1g 和 h 所示）。较短时间内发生多次冲击碰撞，动量交换迅速，多用于脆性物料的中和细碎。

2.1.3 粉碎过程

材料的破碎是粉碎的基本过程，当材料受到力的作用时：首先产生弹性形变，这时材料并未被破坏；当形变达到一定程度后，材料硬化、应力增大，形变还可继续进行；当应力达到弹性极限时，开始出现永久变形，材料进入塑性变形状态；当塑性变形达到极限时，材料产生破坏。图 2-2 所示为韧性材料和脆性材料的应力应变曲线。

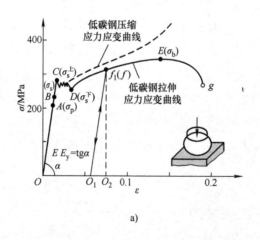

图 2-2 应力应变曲线

a）韧性材料应力应变曲线（以低碳钢材料为例）

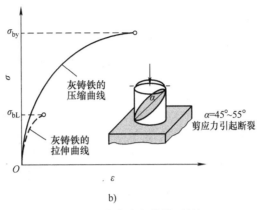

图 2-2　应力应变曲线（续）

b）脆性材料应力应变曲线（以灰铸铁材料为例）

　　粉碎过程是一个消耗能量的物理过程。粉碎能耗理论主要阐述粉碎过程与能耗的关系，主要有以下论点[⊖]。1867 年，雷廷格（Rittinger）提出表面积理论，认为粉碎单位质量物料所消耗的能量正比于物料新生成的表面，即 $W/\Delta s = k_1$，其中 W 为粉碎能耗；Δs 为破碎后颗粒表面积增量；k_1 为比例常数。该理论对于细磨过程的情况较为接近。1883 年基克（F. Kick）提出体积理论，认为在相同条件下能量消耗与被粉碎物料的体积成正比，颗粒在破碎后其粒径也会成正比降低，即 $W = k_2 \lg \dfrac{\overline{D}}{\overline{d}}$，其中 $\overline{D}$ 为颗粒群在破碎前的调和平均粒径；$\overline{d}$ 为破碎后颗粒的调和平均粒径；k_2 为常数。此理论比较近似反映粗碎过程的能量消耗。1952 年邦德（F. C. Bond）提出了介于"表面积假说"与"体积假说"之间的"裂纹扩展学说"，重新定义了粉碎能耗的计算方法，认为粉碎所消耗的能量与生成颗粒直径的平方根成反比，即 $W = 10\omega_1\left(\dfrac{1}{\sqrt{d_{80}}} - \dfrac{1}{\sqrt{D_{80}}}\right)$，其中 W 为破碎 1t 材料的能耗；ω_1 为功指数；d_{80} 为颗粒破碎后颗粒累积含量为 80% 时的粒径；D_{80} 为颗粒破碎前颗粒累积含量为 80% 时的粒径。邦德的理论比较接近实际粉碎过程，人们一般通过测定邦德功指数，来确定不同物料的粉碎功耗。但是以上这三种理论都还需要继续完善，并不能适用于所有的颗粒破碎情况。

　　⊖　王鹏超. 硅纳米材料的湿法超细研磨制备工艺基础研究［D］. 南京：南京航空航天大学，2020。

1. 破碎

破碎的定义是对块状固体物料施用机械作用，克服物质的内聚力，使之由大块状物料转变为小块状物料的物理作业过程。主要目的为减小块状物料的粒度，其本质是一个能量转变过程，其意义在于：

1）颗粒结构变化，如表面结构自发地重组，形成非晶态结构或重结晶；

2）颗粒表面物理化学性质变化，如表面电性、物理与化学吸附、溶解性、分散与团聚性质；

3）在局部受反复应力作用区域产生化学反应，如由一种物质转变为另一种物质，释放出气体、外来离子进入晶体结构中引起原物料中化学组成变化。

破碎过程主要用到的设备有颚式破碎机、圆锥式破碎机、辊式破碎机、锤式破碎机、反击式破碎机和笼式破碎机等。

2. 粉磨

粉磨的定义是在破碎的基础上进一步降低颗粒尺寸，采用的方法主要包括机械研磨法（受机械力作用）；气流研磨法（气体传输粉料的研磨方法）。

球磨机是工业上广泛使用的粉磨机械，能够粉磨各种硬度的物料。球磨是一种主要以球为介质，利用撞击、挤压、摩擦方式来实现物料粉碎的一种研磨方式。在球磨的过程中，被赋予动能的研磨球会在密封的容器内进行高速抛落式运动，进而对物料进行碰撞，物料在受到撞击后，会破碎分裂为更小的物料，从而实现物料的精细研磨。球磨工艺包括四个基本要素：球磨筒、磨球、研磨物料及研磨介质。球磨工艺主要靠球磨机来实现，球磨机根据研磨球的运动原理又分为多个类型，对于实验室来说，常见的实验室球磨机有滚筒式球磨机、行星式球磨机、振动式球磨机等。滚筒式球磨机的运转部位是一个可转动的圆柱形滚筒。设备运转时，滚筒会将内部的研磨球带至滚筒顶端，然后研磨球因为自身重力而自由下落，将物料砸碎。行星式球磨机（如图 2-3 所示）有一个可高速旋转的圆形轮盘，轮盘上有四个安装均匀的罐座，罐座内可放置密封的球磨罐，球磨罐内放入研磨球和样品物料。设备运转时，主轮盘作高速旋转，而罐座带动球磨罐作反方向的自转，罐内的研磨球在两个相反方向转动的叠加下，被赋予巨大的研磨能量，对样品进行撞击、挤压和摩擦。行星磨原理图如图 2-4 所示。

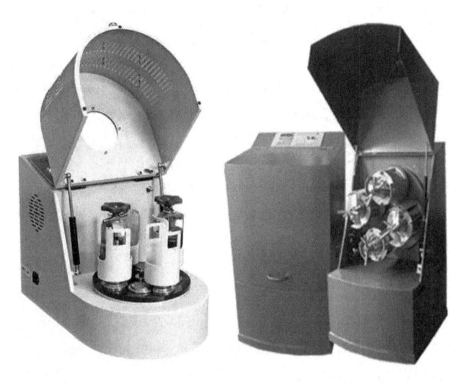

图2-3 行星式球磨机

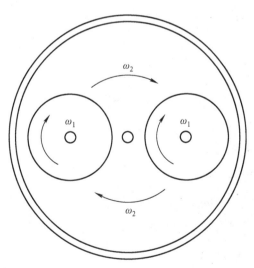

ω_1 — 自转角速度；

ω_2 — 公转角速度

图2-4 行星磨原理图

英国伯明翰大学科学家[一]使用钼酸锂作为模型系统来研究电池中的氧化还原，发现材料转化为高压尖晶石多形体，这种特定的晶体结构，以前只在非常高的压力下制造。研究者意识到，仅靠局部加热（local heating）无法解释这种转变，并用其他三种电池材料重复了实验，以证实这种假设，结果表明，局部加热并不是这些变化的唯一因素。通过对球磨技术在电池材料制造过程中的作用机理进行研究，其研究结论可能对更高效、更具成本效益的电池制造提供帮助。研究发现，球磨对电池材料产生高压效应的能力，这种高压效应有利地改变了材料的特性。球磨涉及用小球混合和研磨材料，产生碰撞诱发压力和热量。研究发现该过程可以迅速对材料产生高压效应，改变其晶体结构，并显著提高其在锂离子电池中的性能。

2.2 物理气相沉积法

物理气相沉积（Physical Vapor Deposition，PVD）技术在20世纪70年代末开始较多被用于制备高硬度、低摩擦系数、高耐磨性和化学性质稳定的薄膜材料。20世纪90年代至今发展迅速，尤其是在比如手表金属外观件等表面处理方面有了越来越广泛的应用。目前物理气相沉积技术可用于制备金属膜、合金膜、化合物、陶瓷、半导体及聚合物等。

2.2.1 概述

1. 定义

物理气相沉积是将希望制备的物质用物理方法转移到气相，然后在基体表面沉积生成涂层/粉体的方法，图2-5所示为其示意图。

2. 五个基本要素

1）热源——提供热量；

2）气源——气态或固态及液态的蒸发；

3）气氛——可以为真空或低压惰性气体；

4）工艺参数监控系统；

○ L. Driscoll, et al. Under Pressure：Offering Fundamental. Insight into Structural Changes on Ball Milling Battery Materials［J］. Energy & Environmental Science，2023，11：5196 – 5209。

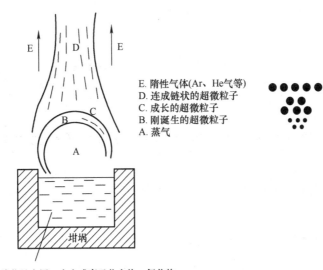

E. 隋性气体(Ar、He气等)
D. 连成链状的超微粒子
C. 成长的超微粒子
B. 刚诞生的超微粒子
A. 蒸气

坩埚

熔化的金属、合金或离子化合物、氧化物

图 2-5　物理气相沉积示意图

5）粉体的收集系统。

3. 三个工艺步骤

1）材料的气化；

2）材料原子、分子或离子的迁移；

3）材料原子或分子在基体的沉积。

4. 影响因素

1）蒸发温度；

2）蒸发速率；

3）惰性气体压力及惰性气体的温度。

5. 物理气相沉积法的特点与分类

物理气相沉积法技术工艺过程简单，粉体颗粒表面清洁度高，粉体颗粒的粒度分布窄，粉体颗粒的尺寸可控性好。采用这种方法能制得颗粒直径在2～100nm 范围的微粉。

物理气相沉积法根据不同的加热源可分为电阻丝加热法，高频感应加热法，等离子体加热法，激光加热法和电子束加热法。

2.2.2　电阻丝加热法和高频感应加热法

1. 电阻丝加热法

电阻丝加热法的加热源是电阻发热体（螺旋状或舟状，如图2-6所示），发热材料一般为：

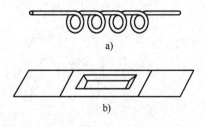

1）金属类：铬镍系（1300℃），钨、钼（1800℃）；

2）非金属：碳化硅（1500℃），石墨棒（3000℃）。

图 2-6　电阻发热体
a）螺旋状　b）舟状

电阻丝加热法的加热源设备如图2-7所示。

两种情况不能使用这种方法进行加热和蒸发：

1）蒸发原料的蒸发温度高于发热体的软化温度；

2）两种材料（发热体和蒸发原料）在高温溶融后形成合金。

2. 高频感应加热法

高频感应加热法的加热源是高频电流线圈，如图2-8所示。

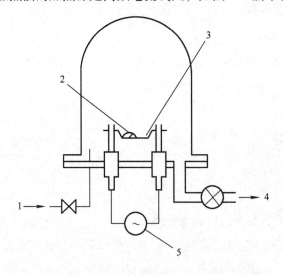

图 2-7　加热源设备

1—惰性气体　2—蒸发材料　3—舟形加热器

4—抽真空泵　5—加热用电源

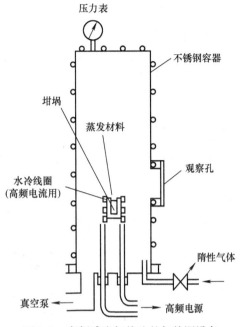

图 2-8　高频感应加热法的加热源设备

　　该方法的原理是金属和磁性材料放在交变的磁场中,材料产生涡流损耗和磁滞损耗,因而实现金属和磁性材料内部直接加热的效果。

2.2.3　等离子体加热法

　　等离子体是物质存在(除了气态、液态和固态)的第四种状态、它由电离的导电气体组成,其中包括六种典型的粒子,即电子、正离子、负离子、激发态的原子或分子、基态的原子或分子以及光子。事实上等离子体就是由上述大量正负带电粒子和中性粒子组成的,并表现为一种准中性气体。

　　物质在固体状态时具有固定形状和体积,固体的分子间距较近,分子之间通过强而稳定的化学键连接在一起。当温度或能量升高时,物质变为具有固定体积但没有固定形状的液体状态。液体的分子间距较固体较大,分子间通过较弱的吸引力相互作用。当温度或能量再升高时,物质变为没有固定形状和体积的气体状态。气体的分子间距较大,分子之间以非常弱的引力作用。当温度或能量继续升高时,气体分子全部或者部分电子被剥夺,电离后产生的正负离子组成的离子化气体状物质,形成等离子体,如图2-9所示。

　　以水为例,在一个标准大气压下,水在0℃以下以冰的状态存在,0~

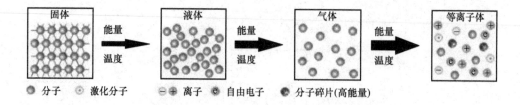

图2-9 物质随能量或者温度变化物质状态变化示意图

100℃以液态水的形式存在，100℃以上以水蒸气的形式存在，在温度达到10000℃时以等离子体的状态存在，如图2-10所示。

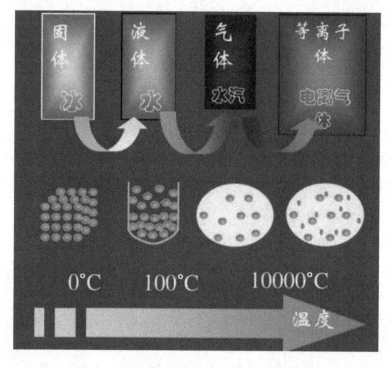

图2-10 水在不同温度下的物质状态变化示意图

等离子体加热法是利用等离子体枪将电能转化为热熊，当电能输入到等离子体中时，电子和离子会受到激发，增加其平均能量，电子和离子与气体分子碰撞，释放出额外能量，导致气体温度升高，带着高温的气体通过传热方式将热能传递给加热室中的材料，从而实现材料的加热，即等离子枪通过控制电流、电压和等离子体的性质来实现对材料的加热。根据等离子体中电子温度的不同，可将等离子体分为高温等离子体和低温等离子体。高温等离子体中电子温度可达 10^8 K，等离子体完全电离，粒子密度很大，如自然界中的太阳核心、实验室中的托卡马克装置所产生的等离子体等，可熔化绝大部分金属材，使材料颗粒熔化、气化，也可以提供促进化学反应的活性粒子，提高材料的合成效率。

在应用上，采用高温等离子体加热法可以用于制备硅负极材料[⊖]。实验采用 10kW 高频等离子装置（自制），主要包括等离子发生系统（用于产生激励电磁场）、不锈钢反应器、等离子体灯具、送料系统、气体配送系统、加料枪、产品收集系统和尾气排放系统等。送粉系统为自行研制的螺旋转动进料器，料量大小可以通过螺旋转速控制。待等离子体弧稳定后，加入载气，载气携带原料粉体颗粒进入等离子体弧，经历气化、成核、结晶和长大的过程，最后在气流的带动下进入冷却室。实验结束后，收集系统各个部位的物料并表征。该实验依托自主研制的高频感应热等离子体装置，通过等离子体高温气化成核、可控生长制备了形貌均匀的直径约为 50nm 的硅纳米球，在研究等离子体制备纳米硅时发现，等离子反应器中冷热程度不同，获得的产物具有不同的形貌和结构，如图 2-11 所示。

图 2-11 中的工作气体分三种：第一种是载气，其作用是将原料输送至热等离子弧中；第二种是中心气，从中心管顶部进入石英灯具内，用于电离产生等离子体；第三种为边气（冷却气），从侧管切向进入灯具，主要对石英灯管其冷却保护作用。实验时首先将工作气体用电火花点燃，在感应线圈产生的高频磁场的作用下，工作气体瞬间形成等离子体弧。

不规则的微米级原料进入等离子体弧高温区，并借助于等离子体的高热焓而迅速蒸发气化。离开等离子弧进入低温区后，由于温度的迅速降低，高的过饱和度使得蒸发的硅均匀形核。而后硅核进入晶体生长阶段，在此阶段，不同冷却速率决定了生成纳米硅的最终形貌。

1）切向通入冷却气时，加大了热等离子体弧与周围环境之间边界领域的温度梯度，形成更大的冷却速率，从而造成硅蒸气过饱和度增大，致使硅蒸

⊖ 侯果林. 基于等离子体制备的硅基锂电池负极材料及其电化学性能研究［D］. 北京：中国科学院过程工程研究所，2016。

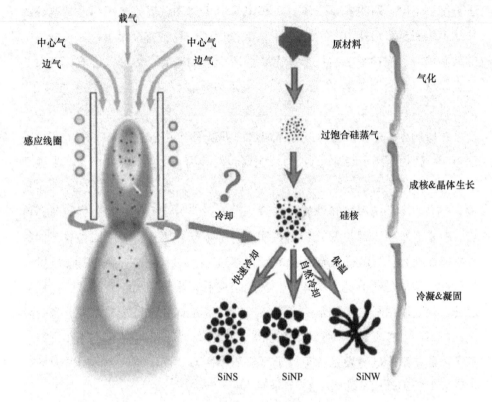

图 2-11　等离子体制备不同形貌纳米硅的机理图

气迅速冷凝成核，根据最低表面能原理，核液滴为球形。由于冷却气的影响，温度骤降致使晶核瞬时"冻结"在一种特殊状态，在这种状态下粒子不再长大，从而获得粒径较小、分散良好的纳米硅球。同时，冷却气的加入稀释了蒸气压，使得纳米粒子在沉积生长过程中减少了相互碰撞，从而使球形颗粒保持了光滑的表面。

　　2）与快速冷却（即通入冷却气）相比，自然冷却条件下，晶核在沉积过程中更容易发生碰撞聚集并长大，从而形成不规则的纳米球。

　　3）反应器壁加入石墨套时，温度梯度降低，晶体生长时间延长，促成 Si 晶体在已生成的硅晶核固-气界面处不断析出，以自晶种方式诱导一维纳米结构在晶种位点处向外延伸生长，从而得到一维纳米硅线。

　　该研究团队通过引入热壁反应器，延长颗粒生长时间等，成功批量制备了硅纳米线（SiNW），并进一步对硅纳米线与碳进行组装，制备了多尺度缓冲的碳包覆硅纳米线团，如图2-12所示。羊毛球状的颗粒中有丰富的孔隙结构，为硅纳米线在嵌锂过程中的体积膨胀提供空间，能够承受一定的外力而保证结构不被破坏，较好地提高了电池的循环稳定性能。

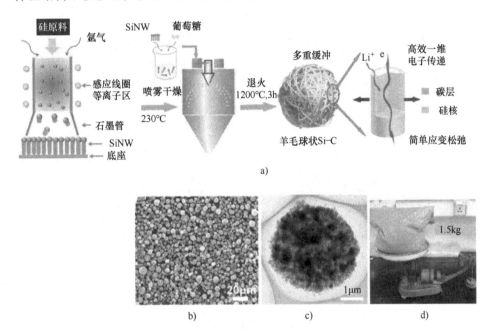

图 2-12　多尺度缓冲碳包覆硅纳米线团的制备

a）羊毛球状 Si－C 材料的制备工艺示意图　b）羊毛球状 Si－C 材料的 SEM 照片

c）羊毛球状 Si－C 材料的 TEM 照片　d）羊毛球状材料的宏观照片（1.5kg）

除了高温等离子体加热外，还有低温等离子体加热。低温等离子体中电子温度一般低于10^5K，等离子体部分电离，如实验室中一般由气体放电产生。虽宏观温度较低，但富含高能活性粒子，如电子（能量为 1 ~ 10eV）、激发态原子或分子（能量为 0 ~ 20eV）、光子（能量为 3 ~ 40eV）等。因此，使用低温等离子体处理表面时，等离子体可通过一系列物理化学反应改变材料的特性。等离子体在材料合成时，通常可以起到促进反应发生的作用，或者直接利用特殊气体的等离子体实现材料的转化。例如 Kim 等人[一]以三甲基铝为原材料利用

○　H. Kim, J. Lee, D. Lee, et al. Plasma－Enhanced Atomic Layer Deposition of Ultrathin Oxide Coatings for Stabilized Lithium－Sulfur Batteries [J]. Advanced Energy Materials, 2013, 3：1308－1315.

氧气等离子体在 170℃ 下，在硫表面快速均匀涂布氧化铝薄膜（如图 2-13 所示），避免了沉积过程中硫的挥发。氧化物薄膜作为物理屏障，有效地防止了多硫化物的脱溶，提高了材料的循环稳定性。还可以利用 NH_3 等离子实现从金属氧化物到金属氮化物的转化，利用其刻蚀功能促进材料表面暴露更多边缘催化活性位点，以及实现一些杂原子的掺杂从而实现对材料的改性。

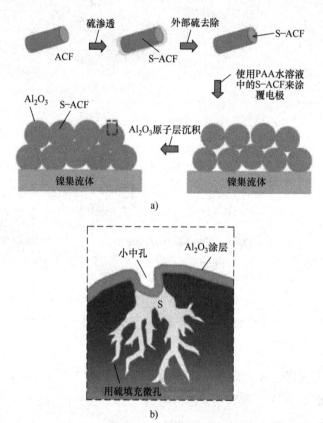

图 2-13　Al_2O_3 包覆的硫–活性碳纤维复合材料的制备

a）工艺示意图　b）颗粒表面局部放大示意图

2.2.4　激光加热法

激光加热法的原理是采用大功率激光束经透镜聚焦后，照射于物料上，能在焦点附近产生数千乃至上万摄氏度的高温，使物料蒸发，如图 2-14 所示。

激光加热法的优点是加压源可以放在系统外，所以不受蒸发室的影响；不论是金属、化合物，还是矿物质都可以用它进行熔融和蒸发；加热源（激

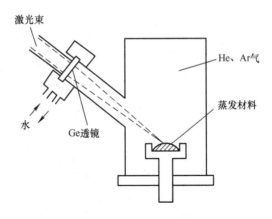

图 2-14　激光加热法原理

光器）不会受到蒸发物质的污染等。同时也有一定局限性，在激光加热蒸发过程中，纳米粒子的形成受到多种因素的影响，如激光功率、溶液浓度、溶剂性质等，使得对纳米粒子的形状、大小和分散性的控制相对有限，难以精确调控纳米粒子的特性。激光设备价格昂贵，维护及耗材成本也较高。

激光加热现多用于制备锂离子电池的薄膜材料，其中脉冲激光沉积法（Pulsed Laser Deposition，PLD）是 20 世纪 80 年代发展起来的新型薄膜制备技术。它是利用高功率的准分子激光器或二氧化碳激光器所产生的高强度脉冲激光束对物体进行轰击，然后将轰击出来的物质沉淀在不同的衬底上，得到沉淀或者薄膜的一种手段，拥有巨大发展潜力。其设备腔体和工作原理图 2-15 所示，PLD 的工作原理是：将激光聚焦于靶材（熔射源）表面，聚焦处的物质达到高温、熔融状态，随后该表面的物质蒸发、气化，气体状粒子（激发原子、激发分子、离子等）以羽辉状射出，称这种现象为熔射。随着该羽辉状粒子群的扩散，在置于靶对面的基片表面附着、沉积，生长成薄膜。

薄膜型全固态锂电池是在传统锂离子电池的基础上发展起来的一种新型结构的锂离子电池。其基本工作原理与传统锂离子电池类似，即在充电过程中锂从正极薄膜脱出，经过电解质在负极薄膜发生还原反应；放电过程则相反。薄膜锂电池在结构上使用固态电解质层取代了传统锂离子电池原有的电解液和隔膜，由致密的正极、电解质、负极薄膜在衬底上叠加而成，并且在加工制备、电化学特性等方面有着显著的差异。在加工制备方面，商用锂离子电池多采用涂布、喷涂等方法，体型固态锂电池多采用涂布、挤压、高温

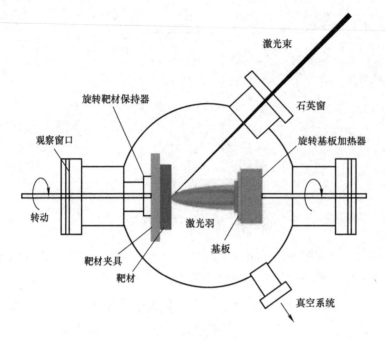

图 2-15　脉冲激光沉积法的设备腔体和工作原理图

烧结等工艺。而薄膜型全固态锂电池通常使用磁控溅射、脉冲激光沉积、热蒸发等镀膜方法或者化学气相沉积、溶胶－凝胶等合成方法成膜。全固态锂电池在提高电池能量密度、拓宽工作温度区间、延长使用寿命等方面有着极大的优势。薄膜电极的电化学性能受限于薄膜结构，而用脉冲激光沉积制备 $LiCoO_2$ 薄膜时，激光能量、基片材质、基片温度、氧分压及靶材自身的组分都会影响薄膜的结构。下面就以采用脉冲激光沉积法在不同的基片上生长 $LiCoO_2$ 薄膜，并对其结构进行表征测试[⊖]为例，进行简单介绍。

1）激光强度：图 2-16 所示为三种不同激光强度下沉积在 Si 基片上的 $LiCoO_2$ 薄膜的 XRD 图谱，从该图谱上不难看出，85～90mJ/脉冲的激光能量下得到的薄膜为无定形态，当激光强度增加到 130～140mJ/脉冲，位于 19°附近出现了 $LiCoO_2$ 的（003）峰有略微抬升的趋势，当激光强度最终提高到 150～160mJ/脉冲时，19°处的（003）峰显现出该条件下沉积出的 $LiCoO_2$ 薄膜拥有

⊖　陈国光. 物理气相沉积法制备全固态薄膜锂离子电池正极材料 $LiCoO_2$［D］. 成都：电子科技大学，2010。

良好的结晶性——因此可知激光强度的提高有利于成膜结晶度的提高。随着激光强度的提高，Si 基片上的 $LiCoO_2$ 薄膜呈现这样一种变化趋势：当激光强度为 85～90mJ/脉冲时，薄膜由片状颗粒组成，并呈现无规则排列；当激光强度增加到 130～140mJ/脉冲时，片状颗粒基本消失，颗粒略呈现出柱状，只是颗粒与颗粒间团聚不够紧凑；随着激光强度进一步增大到 150～160mJ/脉冲时，颗粒的团聚的紧密程度增加了并且表面呈现明显的棱角，如图 2-17 所示。激光强度的提高有利于提高薄膜表面的平整度和薄膜的致密程度。随着激光强度的提高，沉积速率也随之提高，单位时间内沉积的薄膜的厚度则越厚。

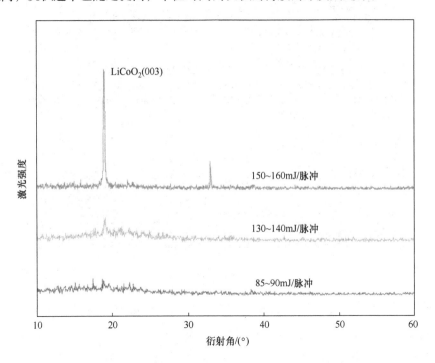

图 2-16　不同激光强度下沉积在 Si 基片上的 $LiCoO_2$ 薄膜的 XRD 图谱

2）基片材质：图 2-18 和图 2-19 展示了激光能量对于沉积在金（Au）基片上的 $LiCoO_2$ 薄膜表面结构和形貌的影响，与 Si 材质基片相比，在 Au 基片上生长的 $LiCoO_2$ 薄膜是呈现（104）择优的（见图 2-18），且 $I(104)/I(003)$ 值越高，代表其择优性越强。随着激光能量的提高，（104）择优取向消失（见表 2-1），随机取向性增强了。在激光能量达到 165～170mJ 脉冲时，出现（006）峰，说明 $LiCoO_2$ 薄膜结晶性增加了。图 2-19 显示在 Au 基片沉积的 3

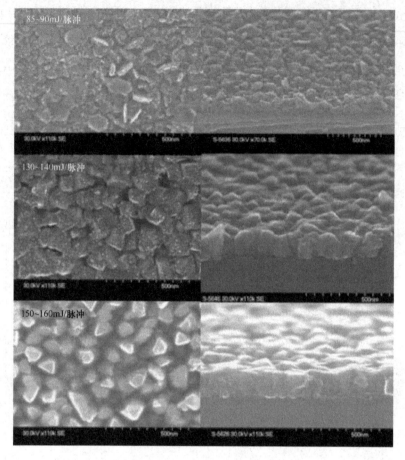

图 2-17 不同激光功率下沉积在 Si 基片上的 $LiCoO_2$ 薄膜的 FESEM 表面形貌图

个样品都显现出平整颗粒分布均匀的特点，但是随着激光能量的提高，颗粒的确经历了从棱角不分明（颗粒与颗粒之间存在一定的无定形态物质导致棱角不够分明）到棱角分明的一个发展历程，代表了结晶度的一个增加过程，与图 2-18 的结果一致。Au 基片更有利于 $LiCoO_2$ 薄膜的沉积。

表 2-1 不同激光强度下 $LiCoO_2$ 薄膜的（104）与（103）晶面强度比值

激光强度	110~120mJ/脉冲	130~140mJ/脉冲	165~170mJ/脉冲
$I(104)/I(003)$	8.7	0.14	0.63

3）基片温度：随着温度的提高，或者说相变过冷度的减小，需要形成的临界晶核的尺寸就越大。低温时，需要形成临界晶核的尺寸相对较小，因此在单位面积内形成的核心数目增加，这将有利于形成晶粒细小而连续的薄膜

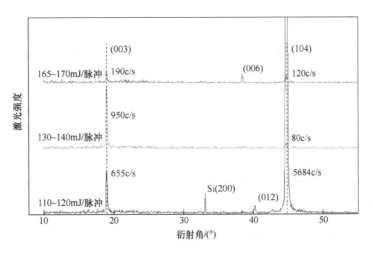

图2-18 不同激光能量下沉积在 Au 基片上的 LiCoO₂ 薄膜样品的 XRD 图谱

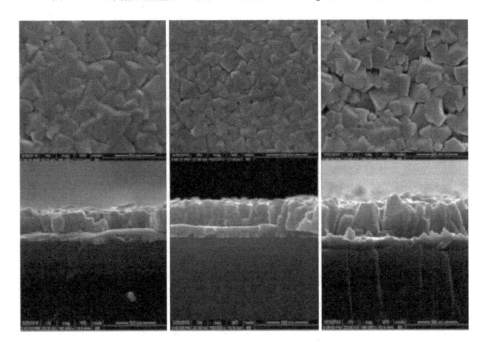

图2-19 不同激光能量下沉积在 Au 基片上的 LiCoO₂ 薄膜的 SEM 图

结构。如果基片温度进一步降低，则会导致薄膜无法形成临界核心的程度，从而无法得到结晶态的薄膜，给基片加热有利于颗粒在膜上加快迁移，有利于结晶——从热动力学角度来讲，即基片上的温度给物质的迁移提供了能量。若基片温度低，沉积原子还来不及排列好，又有新的原子到来，则往往不能形成单晶膜；若温度甚低，原子很快冷却，难以在基片上迁移，这样会形成非晶薄膜。若基片温度过高，则热缺陷大量增加，也难以形成单晶膜。如图 2-20 所示，这是分别在 500℃ 及 600℃ 两种基片温度下，分别以 115mJ/脉冲、135mJ/脉冲、155mJ/脉冲的激光功率沉积出的 LiCoO$_2$ 薄膜的 XRD 图谱。从图中，可以发现，500℃ 的样品的峰强远不及 600℃ 的峰强来得强，至少从这里可以从中看出一个大体的趋势，就是基片温度越高，薄膜的结晶性就越好。当温度固定为 500℃ 时，随着激光功率的提高，薄膜的结晶性逐步提高；然而当基片温度提高到了 600℃ 时，规律则发生了改变，经过分析可以得到一个最佳沉积参数组合，即在 600℃ 下位于 135mJ/脉冲附近沉积出的 LiCoO$_2$ 薄膜拥有最佳的结晶性能。这里的现象是显而易见的，将 600℃ 的 135mJ 视为一个临界点，在这里，可以沉积出结构最为完美的 LiCoO$_2$ 薄膜，当基片温度进一步提高，或者是激光强度进一步增强之后，LiCoO$_2$ 物质中蒸气压较高的锂元素，也就是易挥发型元素则会开始流失，以至结晶度下降。

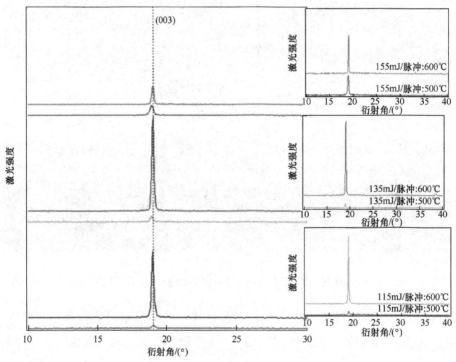

图 2-20　不同基片温度与激光强度下沉积在 Si 基片上的 LiCoO$_2$ 薄膜的 XRD 图谱

图 2-21 所示为分别在 500℃（曲线 B）和 600℃（曲线 A）的基片温度下，使用脉冲激光沉积法沉积在 Au 基片上的薄膜的 XRD 图谱：明显可以观察到，当温度为 500℃时，位于 19°附近的（003）峰为一个馒头峰（即无定形态），当基片温度提升 100℃之后，（003）峰出现了，并且还伴随着（006）峰的出现（（104）峰值无明显变化），表明了薄膜结晶度的提高。从图 2-22 中两个样品的表面形貌和侧视图中，可以直观地观察到，尽管俯视图未能观察到明显的变化，但是从侧视图可以发现样品 A 的颗粒要更粗大些，这个是由于基片温度提高后，物质在基片表面拥有更多的迁移能，因此物质间相互的碰撞几率也提高了，从而有更多的机会团聚到一起，形成较大的颗粒。

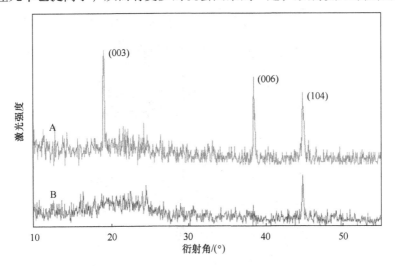

图 2-21　不同基片温度下沉积在 Au 基片上的 $LiCoO_2$ 薄膜的

XRD 图谱：A. 600℃，B. 500℃

4）氧分压：如图 2-23 所示，三个分别在 15Pa、30Pa、50Pa 氧分压条件下得到的 XRD 图谱，可以观察到，随着氧分压的提高，$LiCoO_2$ 薄膜的（003）峰是逐渐增强的。从之前的综述中得知，氧分压是一个影响薄膜结构的极为重要的参数：当氧分压相当低的时候，由于沉积过程中氧元素的流失，导致薄膜中缺含氧，因此无法形成所需要的物质 $LiCoO_2$（绝大多数情况下会形成钴的氧化物）；随着氧分压的逐步提高，会抑制氧元素的流失，并在一定的迁移能的驱使下，各元素迁移到适当的晶格位从而形成层状结构（HT - $LiCoO_2$）；而随着氧分压的进一步提高，密堆积的氧层结构会阻碍 Li^+ 和 Co^{3+}

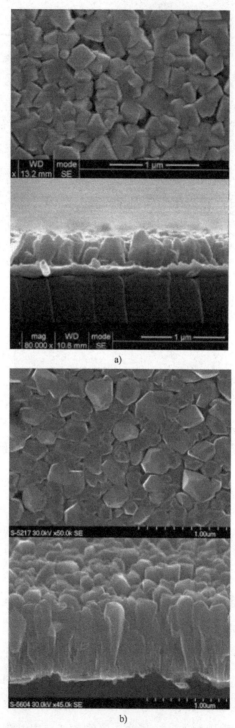

图 2-22　不同基片温度下沉积在 Au 基片上的 $LiCoO_2$ 薄膜的 SEM 图
a）600℃　b）500℃

的迁移运动，从而导致在相同的沉积条件下，无法形成层状结构（HT – LiCoO₂），而形成尖晶石结构（LT – LiCoO₂）。可以观察到，这一变化趋势属于一个层状结构（HT – LiCoO₂）逐步增加的过程，由于从贫氧到富氧的变化过程，薄膜中的 HT – LiCoO₂ 增多了，于是可以观察到峰强的变化。

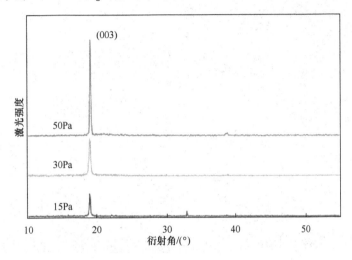

图 2-23　不同氧分压下沉积在 Si 基片上的 LiCoO₂ 薄膜的 XRD 图谱

使用 Au 作为基片时，在不同的氧分压下 LiCoO₂ 薄膜的颗粒形貌差别较大。从图 2-24 所示的两个样品图中，可以进一步观察氧分压对表面形貌的影响，在 0Pa 氧分压下所制得的 Au 基片上的薄膜样品 B 无法观察到类似样品 A 中的具有明显棱角的颗粒，并且通过侧视图还可以感受到，样品 B 的表面是粗糙且不规整的，这一现象的原因是，在 0Pa 的氧分压下，氧气的缓冲作用无法发挥作用，致使沉积速率提高，从而使得表面变得粗糙，不规整。

5）靶材自身的组分：采用红外区及可见光区光源的激光器，由于光子能量小，只能引起晶格振动，即以加热为主。这样，构成靶的元素只能借助热蒸发过程而逸出。采用紫外区的准分子激光，在高功率密度下进行照射，由于紫外激光的能量密度高，并非只存在单纯的热作用，其光化学作用可激发出的气体粒子，在靶表面微小区域逸出。被蒸发的物质可在靶对面的基片上沉积，可获得膜层成分偏离小、组织致密的薄膜。尽管现在大部分的脉冲激光沉积实验所采用的激光器都是紫外区的准分子激光，但是由于过渡金属氧化物 LiCoO₂ 中的锂元素相对其他元素拥有较高的蒸气压，在沉积过程中由于

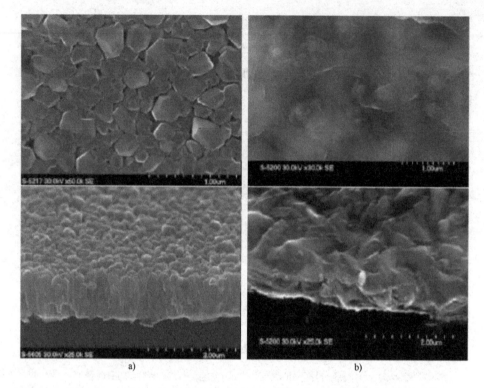

a)   b)

图 2-24   不同氧分压下沉积在 Au 基片上的 LiCoO₂ 薄膜的 FESEM 图

a) 样品 A：50Pa   b) 样品 B：0Pa

分馏现象不可避免地造成锂元素的流失，导致薄膜成分发生缺锂现象，因此需要提高靶成分中的锂的含量，以补偿沉积过程中损失掉的锂元素。

激光加热法在锂离子电池生产中，主要有如下应用：

1）激光在锂电池和电池组的制造过程中，还可用于切割、焊接、去除/清洗等工艺。

2）激光切割技术可应用于锂电池制造过程中的极耳切割成型、极片分切以及隔膜分切等前道工序。比如，极耳切割要求光滑无毛刺、无卷边，不能存在损伤电池隔膜的风险；另外，随着锂电池比能量越来越高，要求电池内电阻越来越小，锂电池极耳正由单极耳到多极耳、由多极耳到全极耳方向发展。严苛的工艺要求让超快激光器脱颖而出，它们能切割多种材料、不同厚度的极耳，冷加工实现了高质量切割效果。针对这些金属箔片切割，可以使用红外脉冲激光，若对切割质量要求更高，也可以选用绿光和紫外产品。从脉宽方面来看，目前行业中应用的主要有纳秒、皮秒激光器，其中皮秒产品逐渐占据主流；而飞秒激光器虽然也有应用，但是在稳定性方面要适应连续作业的工业生产线，还需要进一步努力。锂电池中的隔膜，主要以聚乙烯（PE）、聚丙烯（PP）为主的具有优异的力学性能、化学稳定性和相对廉价的聚烯烃类隔膜为主。切割这类物质，紫外激光最为适宜。随着波长越来越短、脉宽越来越短的绿光、紫外光源在功率、稳定性等方面的性能持续提升，激光将实现锂电池中这些薄膜产品的更高效、更高质量的切割。

3）在锂电池的电芯、模组和 pack 的制造过程中，有 20 多道工序需要通过焊接来实现导电连接或密封功能。其中绝大部分都需要激光焊接来实现。方壳电池中，外壳、密封钉、盖板组件以及封口都需要用到激光焊接；而在圆柱电池及模组中，需要用到激光焊接的部分有极耳、盖帽、汇流排等。这类焊接，面向的材料以较薄的铝材和铜材为主，针对这类高反材料焊接，使用红外光焊接容易出现飞溅等众多缺陷，相比之下绿光和蓝光的吸收效率更高，焊接质量也更好。铜对蓝光波段的高吸收率，使人们更倾向于使用蓝光激光器焊接。功率和光束质量不断提升的蓝光激光器，将是锂电池焊接应用的一把利器。最近国内外不少厂商都在不断深耕蓝光激光器领域，已经有了100W、800W、1kW、4kW 等多种功率可用。焊接过程相对复杂，为了更好地监控焊接质量，也有众多厂商开发出了激光焊接实时监控方案，根据获得的焊缝质量反馈信息，可以及时地将焊接参数调整到最佳状态。动力电池的壳体和盖板起到封装电解液和支撑电极材料的作用，如图 2-25 所示，为电能的储存和释放提供稳定的密闭环境，其焊接质量直接决定电池的密封性及耐压强度，从而影响电池的寿命和安全性能。

4）在锂电池的制造过程中，在焊接极耳之前，需要清洁极耳待焊接区域的涂层。要去除的涂层为石墨和锂金属氧化物，以露出铜或铝箔标签。这一步操作的关键是，只去除涂层材料，同时又不能损坏其下的金属箔。相比于机械刮除等去除方法，激光清洗去除方案对铜箔的损伤极小，并具有清洗效果好、高效、绿色的优势，是业界首选的去除涂层的理想方案。这步工艺，多选用脉冲红外激光器。

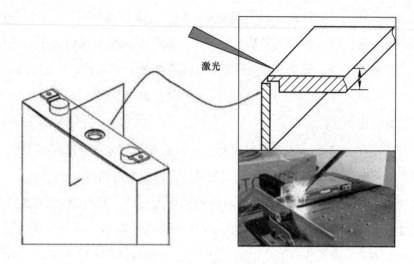

图 2-25　动力电池的壳体和盖板激光封装示意图

2.2.5　电子束加热法

电子束加热法，又称电子束轰击法，或电子束蒸发（Electron Beam Evaporation，EBE）法，是物理气相沉积法的一种。通过电子束轰击镀膜材料加热并使材料蒸发，并沉积在基板上。优点是能量高，适合用于蒸发钨、钽、铂等高熔点金属及其氧化物、碳化物、碳化物等，缺点：运行环境苛刻，一般仅限于高真空中使用。电子束加热的蒸镀源有直枪型电子枪（如图 2-26 所示）和 e 型电子枪（如图 2-27 所示）两种，由电子发射源（通常是热的钨阴极作电子源）、电子加速电源、坩埚、磁场线圈、冷却水套等组成。

将商业滤纸炭化得到多孔炭纸是该方法的一种应用[⊖]。用电子束蒸发技术在炭纸表面蒸镀 Al_2O_3，多孔炭纸/Al_2O_3 复合材料置于锂硫电池的隔膜与正极之间，以 70wt% 硫和 30wt% 乙炔黑混合物作正极，研究 Al_2O_3 沉积的炭夹层对电池电化学性能的影响。实验过程：将商业滤纸置于管式炉，在流动的氩气下，1000℃煅烧 2h，氩气流速为 30mL/min，升温速率为 3℃/min。冷却到室温后，取出炭纸，游标卡尺测量其厚度约为 80μm。将炭纸固定在电子束蒸发仪仓室内的托盘上准备蒸镀，Al_2O_3 靶（纯度 99.5%）置于铜坩埚，仓室本底真空度为 7.0×10^{-4}Pa，电子束电流强度为 40mA。先进行预蒸发，直

⊖　唐琼. 锂硫电池正/负极材料改性及结构设计研究［D］. 合肥：合肥工业大学，2019。

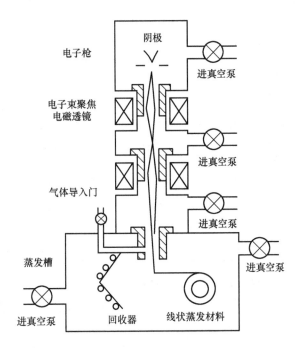

图 2-26 直枪型电子枪示意图

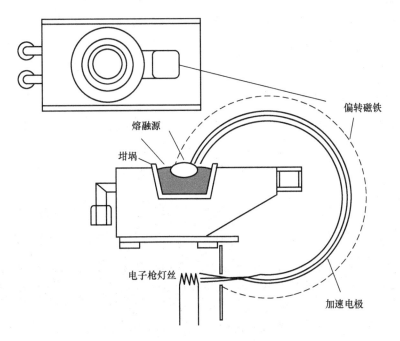

图 2-27 e 型电子枪示意图

到仪器面板显示沉积速率稳定在 1Å/s，打开托盘下方挡板，开始在炭纸上蒸镀 Al_2O_3。沉积时间分别为 100s、200s 和 300s，对应样品标记为 CP - A1、CP - A2 和 CP - A3。未沉积 Al_2O_3 的炭纸标记为 CP，所有样品被冲成直径为 12mm 的圆片留作夹层备用。

图 2-28 所示为炭纸（CP）沉积 Al_2O_3 前后的照片。左图显示，炭纸（CP）具有良好的机械韧性，弯曲至如图位置仍没有破裂，这将有利于在电化学反应过程中适应活性物质的体积变化，维持夹层结构完整。右图依次为裁成圆片的 CP、CP - A1、CP - A2 和 CP - A3 夹层。值得注意的是，Al_2O_3 靶本身是白色的，但沉积在炭纸表面之后，随着沉积时间延长，炭纸颜色逐渐由浅棕、深棕变为深蓝色。这可能是由于 Al_2O_3 在基底沉积的厚度不同，引起不同可见光波段的薄膜干涉效应，所以呈现不同的颜色。图 2-29a 所示为 CP 和 CP - A2 样品的扫描电镜图。炭纸 CP 具有网状结构，由大量相互交织堆积的纤维组成，纤维内分布有大范围的微孔、介孔（如图 2-29a 所示）。Al_2O_3 沉积时间为 200s 的 CP - A2 材料表面没有观察到明显的沉积颗粒（图 2-29b 所示）。但图 2-29c 显示 O 和 Al 元素的分布与 C 元素相对应，说明 Al_2O_3 已均匀沉积在炭纸表面。

如图 2-30a 所示，CP - A2 夹层电池在 $0.2C$（$1C = 1675mA/g$）倍率下的循环性能最佳。其首次放电容量为 1352mA·h/g，60 次充放电循环后，仍保持高达 701mA·h/g 的可逆容量，容量维持比例 52%。CP - A1 夹层电池首次放电容量 1378mA·h/g，60 次循环后剩余 609mA·h/g，容量维持比例 44%。

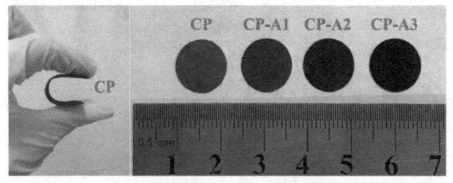

图 2-28　沉积与未沉积 Al_2O_3 炭纸的照片

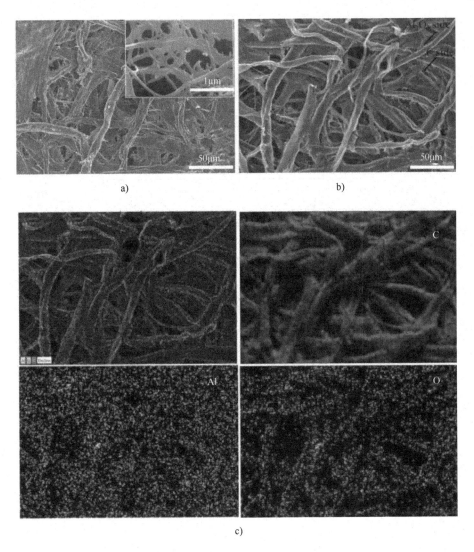

图 2-29 CP 和 CP – A2 样品的扫描电镜图

a）CP 的 FESEM 图（内插图为放大图像） b）CP – A2 的 FESEM 图

c）对应图 b 中 C、Al 和 O 元素集合分布图和单独分布图

CP – A3 夹层电池首次放电容量 947mA·h/g，60 次循环后剩余 514mA·h/g，容量维持比例为 54%。CP – A1 首次放电容量略高于 CP – A2，但其容量衰减最快。由于 Al_2O_3 沉积时间较短，炭纸上附着的不导电 Al_2O_3 较少，虽然导电性下降不明显，可以保证对硫的高利用率，首次释放出最高容量，但由于吸附位点较少，不能有效地发挥极性氧化物对多硫化物的化学吸附作用，后续循环

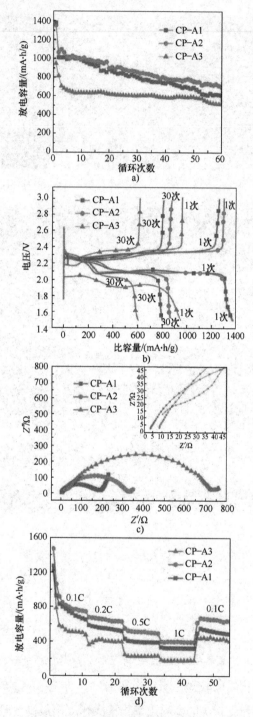

图 2-30　三种锂硫夹层电池的参数曲线

a) 0.2C 倍率循环曲线　b) 首次和第 30 次循环的充放电曲线　c) EIS 曲线　d) 倍率性能曲线

容量快速衰减。相反，Al_2O_3 沉积时间最长的 CP-A3 夹层可以使电池获得最高的容量维持率，然而由于不导电的 Al_2O_3 含量相对较高，活性物质硫的利用率低，不能充分释放容量，以致首次容量在所有电池样品中最低，即使 Al_2O_3 有很好的吸附作用，60 次循环后，所剩容量已经降为不足 $600mA \cdot h/g$。因此，综合硫的利用率和容量维持比例来看，Al_2O_3 沉积时间为 200s 的 CP-A2 夹层呈现最令人满意的循环性能。

2.3 雾化法

雾化法起源于 19 世纪 20 年代，人们最早利用空气雾化制取有机金属粉末。到 19 世纪 30 年代，形成了现在仍普遍使用的两类喷嘴：自由落体式和限制式喷嘴。随着雾化法的技术、工艺研究不断深入，雾化制粉得到快速地发展。1947 年，德国曼内斯曼公司采用高温还原工艺改善了水雾化铁粉的松装密度。20 世纪五六十年代，气雾化工艺大规模用于金属及合金粉末的生产；同时在气雾化的基础上，1965 年，A. O. 史密斯公司首先提出以高压水雾化制备金属粉末。20 世纪 70 年代末到 80 年代初，英国戴维公司和日本太平洋公司将高压水雾化的水射流压力提高至 $50 \sim 150MPa$，生产出粒度达到 $10\mu m$、可用于金属粉末注射成形工艺的铁粉及不锈钢粉。我国水雾化是从 1987 年鞍钢粉材厂引进德国曼内斯水雾化铁粉生产线开始的，2005 年水雾化生产的铁粉和钢粉产量已超 1 万 t。

2.3.1 雾化法的定义及原理

雾化法是指借助空气、惰性气体、蒸气、水等的冲击作用而使金属（合金）液体直接破碎成细小液滴，经冷却凝固成固体颗粒（一般小于 $150\mu m$）。具体来说，是在坩埚里将金属（合金）熔化成液体状态，通过气体喷嘴将液体破碎成细小液滴，细小液滴在下降过程中，由液态变为半固态，最后变为固态颗粒，如图 2-31 所示。从中心导流管中出来高温熔体液流被高速气体将液膜撕裂成带，初始破碎是熔体液膜的形成，然后由于气体的冲击、离心力或者超声的作用下，液膜破碎成带，后续形成边长椭圆形或者球形液膜，在表面张力的作用下冷却形成粉体。

1. 雾化过程

雾化过程是喷嘴喷射出的液体由于内外力的共同作用而分裂破碎的过程，涉及动能的交换（雾化介质的动能转变为金属液滴的表面能）、热量交换（雾化介质带走大量的液固相变潜热）、流体特性变化（液态金属的黏度及表面张力随温度的降低而不断发生变化）、化学反应（高能比表面积颗粒的化学活性强，与雾化介质会发生一定程度的化学反应）。

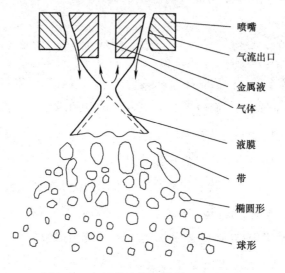

喷嘴
气流出口
金属液
气体
液膜
带
椭圆形
球形

图 2-31　气雾化法制备粉体过程示意图

2. 液流破碎雾化原理

当液体从喷嘴出口喷射至外部环境时，会受到周围外部环境的作用力，当外部环境的作用力大于液体自身内力，液体就会破碎成许多粒径为几微米至几百微米的液滴雾化颗粒。液体雾化破碎理论分为两种：圆柱射流破碎理论和薄膜射流破碎理论。

圆柱射流破碎是圆柱状液体射流受到周围空气等介质扰动产生不稳定波，随着扰动波的逐渐增大并破裂，液柱表面将会剥离出大颗粒液滴。此概念由英国科学家瑞利（L. Rayleigh）首先提出，并给出了数学表达式，其表面波最大增长率 $\omega_{\max} = 0.97 \times \left(\dfrac{\sigma_1}{\rho_1 d_0^3} \right)^{\frac{1}{2}}$，其中，$\sigma_1$ 为液体表面张力；ρ_1 为液体密度；d_0 为液体射流起始直径。此时扰动波长 $\lambda = 4.51 d_0$；破碎后液滴直径 $D = 1.89 d_0$。瑞利所研究的破碎机理是层流状态下的非黏性液体，只考虑了液体表面的液膜张力，忽略了其他因素，如液体黏度、外界气动力的影响等，在应用于其他流体上有很大的局限性。韦伯（C. Weber）在瑞利的基础上增加了气动力和液体黏性力对圆柱射流破碎的影响，得出了对应条件下圆柱射流破碎最大扰动波长公式：

$$\lambda = \sqrt{2}\pi d_0 \left(1 + \frac{3\mu_1}{\sqrt{\rho_1 \sigma_1 d}}\right)^{\frac{1}{2}}$$

其中 μ_1 表示液体黏度。韦伯认为圆柱液流破碎的主要原因是外界气动力作用在液体表面，导致液体表面发生形变并产生扰动，而液体黏性力和表面张力的作用是阻碍扰动和破碎，给出了著名的韦伯准数 W_e，韦伯数代表液流周气动力与液体表面张力的比值。

薄膜射流破碎理论则可以概括为液体射流会在喷嘴出口处形成薄膜，薄膜表面扰动波波长会在自身的流动速度作用和高速气流气动力的作用下不断增加，当达到破碎临界值时，薄膜发生破碎。

液流的雾化并不是简单地由圆柱射流或液体薄膜直接破碎成液体雾化颗粒，通过高清摄像仪可以发现，液流破碎过程分为液流的初次破碎和二次破碎，液流的初次破碎是连续的液流在外部气体扰动下雾化破碎成为大颗粒液滴，二次破碎是大颗粒液滴因其表面受力逐渐增大从而克服内部阻力在距离喷嘴较远的地方雾化破碎为微小颗粒液滴。当液体射流从液流管道进入空气介质后，会形成连续的圆柱液流或液膜。当外界气动力对液柱的横向干扰大于液流本身的内力时，液柱或液膜表面会产生不稳定波并逐渐增长，当到达临界值时，大颗粒液滴直接从液柱或液膜的表面剥离脱落，这个过程就是初次破碎。浙江理工大学向忠教授课题组为了更深入的阐述初次破碎机理，将液流的雾化破碎过程中所受的气动力分为纵向气动力和横向气动力，并阐述单变量影响下的初次雾化破碎。液流管道出口纵向风阻对液流雾化破碎的影响，如图 2-32 所示。随着压力的增加射流速度增加，导致射流的迎风阻力也逐渐增大。

1）瑞利型分裂：液流表面的张力的增大导致液流表面产生对称振荡，这些表面振荡在液流的下游引发液流的破碎，产生的液块将会大于液流射流的直径。这种在气液交界面产生的不稳定振荡称为瑞利－泰勒不稳定性（Rayleigh－Tylor Instability）。

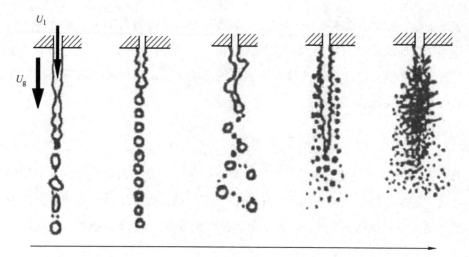

图 2-32   纵向风阻液流雾化破碎状态

2）第一类风生破碎：由于气液两相相对速度的增大，液流表面各点的曲率在逐渐增强的液流表面作用力的作用下发生改变，从而导致静压发生变化，使液流内部的压力分布变得不再均匀。因此曲率较小的点的液体会在不均匀压力的作用下被挤压到曲率较大的位置，使液流的破碎效果增强。

3）第二类风生破碎：由于液流与空气介质产生相互作用并在其表面引起不稳定的短波，这些短波会在波谷处发生断裂并产生液体颗粒，所产生的液体颗粒小于液流直径。

4）雾化破碎：液流在射出液流通道出口后立即发生破碎，破碎后形成大量细微的雾化颗粒，这些雾化颗粒的直径远小于液流直径。可能由于液流在高压下喷出，导致液流内应力巨大，远远超过表面张力，内外作用力不平衡导致液流瞬间破碎雾化成雾化颗粒。

液流管道出口横向风阻对液流雾化破碎的影响如图 2-33 所示。随着横向气流的流速增大，液流所受的横向风阻也逐渐增大，液流受到高速气流的切向扰动，称为开尔文 – 亥姆霍兹不稳定性（Kelvin – Helmholtz Instability）。

1）柱状破碎：当 W_e < 4 时，液柱略微发生形变，表现为液流在介质环境中呈抛物线状，表面张力难以维持液流的连续性，在液流下游出现振荡并破裂成许多一个大液块附带小液滴的雾化颗粒液滴群。

2）袋状破碎：当 $4 \leqslant W_e$ < 30 时，此时横风较强，液流在横风方向上振荡

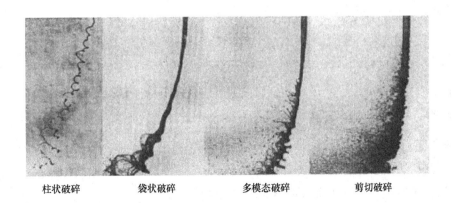

柱状破碎　　　　袋状破碎　　　　多模态破碎　　　　剪切破碎

图2-33 横向风阻液流雾化破碎状态

不断增强，液流下游开始出现振荡波波峰波谷，震荡波的波峰在横风的作用下破碎并展开，呈现的形态为周边较厚中心薄膜，称为袋状破碎。

3）多模态破碎：当 $30 \leqslant W_e \leqslant 110$ 时，在此阶段，横风继续增强，各类液流破碎模式之间没有明确的边界，在该种模式下依然存在袋状破碎模式，因此将此阶段定义为射流多模态破碎。

4）剪切破碎：随着横风继续增强，当 $W_e > 110$ 时，液流的破碎进入到剪切破碎模式。由于横向气流的气动力足够大，液流刚从液流通道射出还未发生明显的抛物线状偏移，就已经破碎成雾化颗粒。该现象的发生依然与横风引起液流横向振荡有关，由于横向气动力远大于液流表面张力，导致液流在射出液流通道时表面张力无法维持液流的连续性，引起液流的直接雾化破碎。

液流的初次雾化是将液流破碎成大粒径雾化颗粒，这些大粒径雾化颗粒将在介质环境中经历二次破碎，这些雾化颗粒粒径越小、液膜越薄，就越容易发生二次破碎。连续液流经过初次破碎分裂成大粒径液滴，大粒径液滴的表面受力面积要大于连续液流的表面受力面积，因此液滴所受的外界气流扰动力增加，又由于此时其表面张力较小甚至可以忽略，导致在高速气流环境中的大粒径液滴进一步破碎分裂成无数个小粒径液滴。大粒径液滴破碎成小粒径液滴的过程称之为二次破碎，具体过程可分为变形期和破碎期两个阶段。

1）变形期：小液滴在外界环境中的变化首先是发生变形而后破碎分解，大粒径液滴变形的方式会根据其在外界高速气流环境中所受的气流扰动的方式不同而产生区别。变形方式主要为以下三种：椭球型变形、雪茄型变形和凹凸型变形，椭球型变形为主。

2）破碎期：如图 2-34 所示，液滴椭球型变形后首先经过初次破碎后的大粒径液滴颗粒在外界环境中受到平行气流或旋转气流的作用，在压力作用下变形为椭球型，随着外界环境气流速度的增加椭球型液滴逐渐变形成杯型，随着液滴继续在外界环境中受力，杯型液滴会转变为半水泡型。当两者相互作用到达破碎条件时，半水泡型液滴首先会在上部发生破裂，进一步演变成一个由大液滴环绕四周呈圆环形，圆环中心为无数小液滴的液滴群，在高速气流的作用下继续破碎成形状不均匀的小粒径液滴。

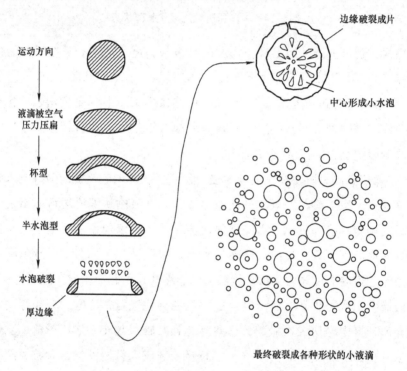

图 2-34　液滴二次破碎过程

2.3.2　雾化法的分类与特点

雾化制粉是雾化法的典型应用，以快速运动的流体（雾化介质）冲击或以其他方式将金属或合金液体破碎为细小液滴，继之冷凝为固体粉末的粉末制取方法。雾化法可使溶质在短时间内析出，具有以下优点：

1）所得粒子微细、组成均匀，因干燥时间短，整个过程迅速完成，每一颗多组分微细液滴在反应过程中来不及发生偏析，从而获得组成均匀的超微粒子。

2）产物粒子组成可控，因起始原料在溶液状态下均匀混合，故可精确地控制所合，成化合物或功能材料的最终组成。

3）产物性能优异，控制操作条件极易制得各种具有不同形态和性能的微细粉体，由于利用了物料的热分解，所以制备材料的反应温度较低，特别适合于晶状复合氧化物的制备。同时与其他方法制备的材料相比，产物的表观密度小，比表面积大，微粉的烧结性能好。

4）可连续生产，产量较大，成本低廉。此法操作过程简单，反应一次完成，并且可以连续进行。产物无需水洗过滤和粉碎研磨，避免不必要的污染，保证产物的纯度。

用于雾化制粉的雾化法根据有无喷射介质流，分为双流雾化和单流雾化。存在气体（如空气、惰性气体、蒸气）或者液体（如水）作为喷射介质流的，称为双流雾化；直接通过离心力、机械冲击力或者超声实现雾化的目的，称为单流雾化。

1. 双流雾化

双流雾化根据喷射介质流的不同又分为气雾化和水雾化。

双流雾化的优点是生产效率高，易制取合金粉体；可通过改变喷射条件调控粉体的粒度和形状（增加喷雾介质压力最为有效）；缺点是对材料的熔点有限制（一般不为1500~1600℃），得到的粉体纯度不高。

2. 单流雾化

单流雾化根据作用力的不同，又分为离心雾化和超声雾化。离心雾化是指利用离心力作用于熔融的金属液体，分离液体金属流，在离心力的作用下金属溶液会从旋转盘的边缘被抛出，在空中凝固粉体材料。液滴在离心力作用下的分裂形态如图2-35所示，分为滴状分裂、纤维状分裂、膜状分裂和柱状分裂四种形式，而某种特定条件下的离心雾化过程具体是哪种分裂模式受很多因素的影响，如转速、液体的表面张力、黏度、转盘直径、流量等。当旋转盘直径小、转盘转速、液体浇注流量和粘滞系数均大时，液体在离心力的作用下成膜状分裂；当旋转盘直径大，转盘转速、液体浇注流量和黏滞系数均小时，液体在离心力的作用下成滴状分裂；反过来，当上述参数值居中时，液体在离心力的作用下成纤维状分裂；当液体黏度较小，纤维较粗且尺寸断开，可认为是一种柱状分裂状态。

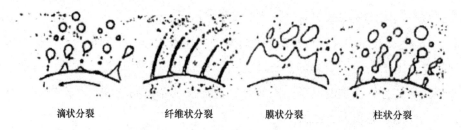

| 滴状分裂 | 纤维状分裂 | 膜状分裂 | 柱状分裂 |

图 2-35　离心雾化机理中液滴分裂形态

（1）离心雾化

离心雾化具体可分为旋转电极雾化和旋转盘雾化。

1）旋转电极雾化是以金属或合金制成自耗电极，金属电极棒高速旋转，其端面受电弧加热而熔融为液体，通过电极高速旋转的离心力将液体抛出并粉碎为细小液滴，继之冷凝为粉末的制粉方法，其原理图如图 2-36 所示。高速旋转的自耗电极构成直流电路的阳极，阴极是带水冷的非自耗钨电极或等离子枪。旋转电极制粉设备是由一个直径达 2m 多的箱体组成，旋转自耗电极通过密封轴承装入其中，电极长轴水平地处于箱体中心线位置，箱体内充入惰性气体作为保护气。电极旋转速度高达 15000 ~ 25000r/min，其粒度分布范围为 50 ~ 500μm，颗粒形状非常接近球形，表面光洁，流动性好。

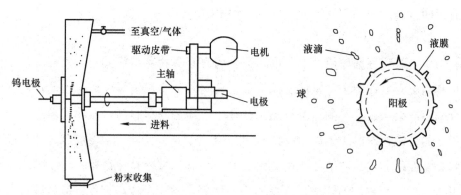

图 2-36　旋转电极离心雾化装置示意图

2）旋转盘雾化是使熔融液流冲撞在快速旋转的圆盘表面，利用高速电机带动水冷圆盘产生的离心力，熔融金属液沿径向方向迅速向外分布，最后在转盘边缘沿切线方向飞出并雾化成小液滴，液滴通过对流散热的方式，在雾化气体中迅速凝固成粉末。粉末颗粒为球形，冷却速率可达 $10^4 \sim 10^6 K/s$ 量级。转盘结构、转速、过热度是影响离心雾化效果最主要的原因。离心雾化法具备生产效率高、微粉颗粒均匀、粒度容易控制、成品率较高、氧化程度较小和生产成本低等诸多优点，但离心电机的转速较高，对电机轴承和电机的耐热性和耐耗性要求较高，并且对于氧化的防护需要安装抽真空设备，这样对设备的密闭性要求较高。

（2）超声雾化

超声雾化即借助超声能量使液体形成微细雾滴，液滴冷却成粉体材料。超声雾化最初由瑞典人发明，后经美国麻省理工学院的 Grant 教授在其基础上进行了改良和完善，发展了超声雾化制粉工艺。超声波是一种均匀的球面波，常用频率为 20KHz ~ 10MHz，它可以通过气体、液体和固体介质向四周传播，超声波具有波动和能量双重特性，在振动过程中可传递很大能量，同时给予介质粒子极大速度和加速度。目前认为超声波具有三种基本作用机制，即机械力学机制，热学机制和空化机制。超声雾化是利用超声波的高能分散空化机制将液体雾化。图 2-37 所示为超声雾化液体模型，当超声波传到液面上时，由于空气振动产生网状波，如果超声波振动加剧，在波峰处会有小液滴飞起，飞起的液滴又被超声波振动进一步破碎细化，最后由载气带出。

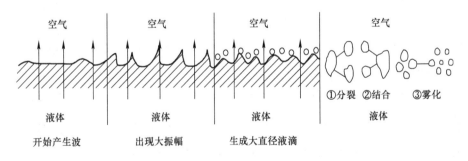

图 2-37　超声雾化液体模型

2.3.3　应用案例

下面以采用真空雾化法制备 Cu – Cr 合金[⊖]为例，来展示不同雾化工艺、雾化参数下合金粉末的粒径分布与形貌。从图 2-38 中可以看出三种雾化工艺

⊖　单晓伟. 真空雾化 Cu – Cr 合金组织与性能分析［D］. 西安：西安理工大学，2017。

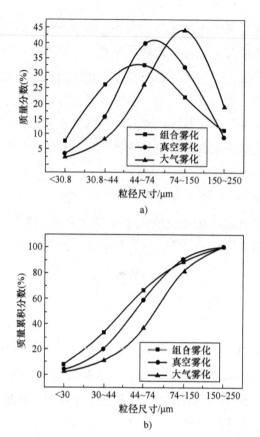

图 2-38　不同雾化工艺 Cu – Cr 合金粉末粒度分布曲线

a）粒径分布曲线　b）累计分布曲线

所制粉末的粒度分布范围较宽且其粒度分布曲线均呈单峰形式。不同雾化工艺粉末的粒度分布又有所不同，其中大气雾化所制得的粉末的峰值处于 74 ~ 150μm，而真空雾化和组合雾化的峰值分别处于 74 ~ 150μm 和 44 ~ 74μm 之间。大气雾化粉末的粒度分布曲线向右倾斜，表明其所制备的粉末中有更多的粗粉颗粒，而组合雾化则相反，可以看出在小于 44μm 的细粉收得率高于其他两种雾化工艺。图 2-39 所示为不同雾化工艺制备 Cu – Cr 合金粉末表面形貌。从图 2-39a、b 可以看出，大气雾化所制得的 Cu – Cr 合金粉末中存在大量不规则的粉末颗粒，粉末以棒状结构为主，部分粉末颗粒呈现类球状，粉末表面存在较多凹坑，增加了粉末的比表面，进一步增加粉末氧化的可能；图 2-39c、d 为组合雾化粉末的表面形貌，可以看出组合雾化 Cu – Cr 合金粉末主要为球状或类球状，但也含有少量的片状和棒状结构，这两种形状的粉末主要是由于半凝固态的小液滴在高压气流作用下与快速旋转的冷却铜辊发生碰撞而形成的；而真空雾化所制备的粉末主要为规则的球形颗粒，含有很少量的棒状结构，粉末表面光滑，球形度高，如图 2-39e、f 所示。因此，真空雾化所制得粉末比其他两种雾化工艺制得粉末在形貌方面有更大的优势。

图 2-39 不同雾化工艺制备 Cu – Cr 合金粉末表面形貌

a）b）大气雾化 c）d）组合雾化 e）f）真空雾化

图 2-40 所示为不同雾化喷嘴直径的 Cu – Cr 合金粉末的粒度分布曲线和

累计质量百分数。从图 2-40a 中可以看出，雾化喷嘴分别为 3mm、4mm、5mm 时，其粒度分布曲线的峰值分别处于 50μm、70μm、100μm，且雾化喷嘴为 3mm 时在小于 50μm 的细粉收得率高于其他两种同粒径级别的粉末收得率。雾化喷嘴为 4mm 时，粉末粒度分布呈较为标准的单峰正态分布，粒径主要集中在 70μm。从图 2-40b 可以看出不同雾化喷嘴粉末的中值粒径分别为 43μm、50μm、74μm，这说明真空雾化在制备 Cu – Cr 合金粉末时小于 74μm 的粉末收得率相对较高，且雾化喷嘴直径越小，合金粉末的细粉收得率越高。图 2-41 所示为不同喷嘴直径 Cu – Cr 合金粉末表面形貌。图 2-41a 是喷嘴直径为 3mm 时合金粉末的表面形貌，可以看出合金粉末主要由球形颗粒组成，含有极少量的片状粉，且粉末中有较多的细粉颗粒，喷嘴直径分别是 3mm 和

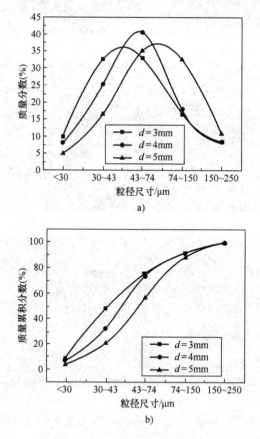

图 2-40 过热度为 250℃，雾化压力为 5MPa 时不同雾化漏嘴直径 Cu – Cr 合金粉末粒径分布
a）粒径分布曲线　b）累计分布曲线

a)

b)

c)

图 2-41　过热度为 250℃，雾化压力为 5MPa 时不同喷嘴

直径 Cu – Cr 合金粉末表面形貌图

4mm 时其粉末的形貌相似；图 2-41c 是喷嘴直径为 5mm 时合金粉末的表面形貌，可以看出粉末中的棒状粉和片状粉数量增加，且部分球形粉末的表面粗糙，粉末中细粉颗粒的数量减少。当雾化喷嘴直径为 3mm 时，由于雾化气体是常温气体，在雾化过程中会使高温的雾化漏嘴温度下降，使金属液容易在雾化喷嘴中凝固，中断坩埚中的金属液的继续流出，从而导致雾化不能连续进行。雾化喷嘴为 5mm 时，金属液能快速通过雾化喷嘴，但由于金属液流直径较大，单位时间内需要破碎的金属液增加，雾化气体对金属液的破碎的效果降低，不仅降低了粉末的收得率，更会使粉末的粗粉收得率增加。而雾化喷嘴为 4mm 时，虽然没有雾化喷嘴为 3mm 时较高的细粉收得率，但能保证雾化过程的顺利进行并比雾化喷嘴为 5mm 时的细粉收得率高。

图 2-42 所示为不同雾化压力下 Cu－Cr 合金粉末粒度分布曲线和累计质量分数。从图 2-42a 中可以看出，当雾化气体压力从 4MPa 逐渐提高到 5MPa

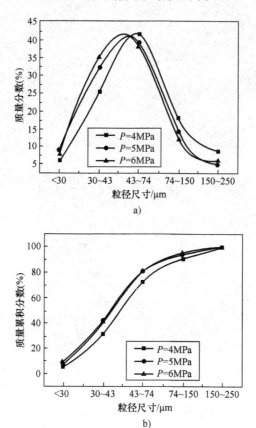

a)

b)

图 2-42　过热度为 250℃，雾化喷嘴直径为 4mm 时不同雾化压力时 Cu－Cr 合金粉末粒径分布

a) 粒径分布曲线　b) 累计分布曲线

时，35μm 的粉末收得率从 25% 增加 32% 左右；雾化压力为 6MPa 时，35μm 的粉末收得率最高，达到 35%。图 2-42b 中当雾化压力为 4MPa、5MPa、6MPa 时，小于 50μm 粉末的累积质量分数分别为 50%、58% 和 60%，随雾化压力的提高，小于 50μm 粉末收得率提高幅度逐渐减小。图 2-43 所示为不同雾化压力时 Cu－Cr 合金粉末的宏观形貌。图 2-43b 是雾化压力为 5MPa 时合金粉末的表面形貌，可以看出合金粉末主要为规则的球形颗粒，异形粉数量较少，雾化压力分别为 4MPa 和 5MPa 时其粉末的表面形貌相似；图 2-43c 是雾化压力为 6MPa 时合金粉末的表面形貌，可以看出粉末中含有少量异形粉、

部分粉末是由 2～3 个粉末颗粒连接在一起，且在粉末颗粒的表面黏附着较多粒径细小的行星粉。粉末的雾化过程实际上是雾化气体的动能转化为粉末表面能的过程，因此一般可通过提高雾化气体的压力来增加粉末的细粉收得率，而当雾化压力达到某一临界值时，细粉收得率反而随雾化压力的增加而减小。图 2-42a 中，当雾化压力由 5MPa 增加到 6MPa 时，200μm 的粉末占有率反而增多，这是由于雾化压力过大时金属液流的流速增加造成的，且当雾化压力过大时，雾化气流场的稳定性下降，会造成合金熔体破碎后的小液滴飞行速度增加，导致行星粉的数目增加。

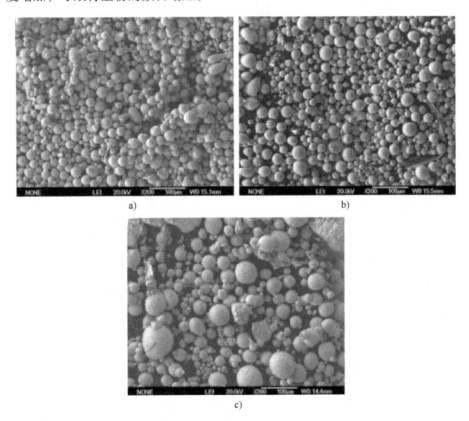

图 2-43　过热度为 250℃，雾化喷嘴直径为 4mm 时不同

雾化压力时 Cu－Cr 合金粉末表面形貌

第 3 章

化 学 法

3.1 固相法——高温固相法

固相法是一种传统的制粉工艺，一般需要在高温下进行。固相法涉及的化学过程称为固相反应。

固相反应是高温条件下固体材料制备过程中的一个普遍的物理化学现象，它是一系列材料（包括各种传统的、新型的金属材料和无机非金属材料）制备所涉及的基本过程之一。狭义地说，固相反应是固相和固相之间发生化学反应，生成新的固相产物的过程。广义地说，凡是有固相物质参与的化学反应都可称为固相反应。

本节采用后一种定义来描述固相反应，指固相物质为主要物相参与的化学反应过程。因此，固相反应的研究范围，包括了固相与固相、固相与液相、固相与气相之间三大类的反应现象和反应过程。相应地，除了传统的固相和固相之间的反应类型外，固相反应还应包括固相和液相之间，以及固相和气相之间进行化学反应的类型。

从反应过程分析，固相反应的最大特征是先在两相界面上（固－固界面、固－液界面、固－气界面等）进行化学反应，形成一定厚度的反应产物层；然后经扩散等物质迁移机制，反应物通过产物层进行传质，使得反应继续进行。同时，在上述化学反应过程中还常常伴随一些物理变化过程，有些固相反应的速度也不完全由反应物本身在界面上的化学反应速度所控制，而是由其中的某一物理过程所决定。

3.1.1　定义及原理

1. 固相反应的原理

固相反应是两种或两种以上的物质通过化学反应生成新的物质，其微观过程应该是反应物分子或离子接触后在外部条件下反应生成新物质（键的断裂和形成）。在溶液反应中，反应物分子或离子可以直接接触，而在固相反应中，反应物一般以粉末形态混合，粉末的粒度大多在微米量级，反应物接触是很不充分的。实际上固相反应是反应物通过颗粒接触面在晶格中扩散进行的，扩散速率通常是固相反应速度和程度的决定因素。

2. 固相反应的步骤

固相反应的步骤为：反应物扩散到界面、在界面上进行反应，随后产物层增厚。

先按规定的组成称量、用水作为分散剂混合，为达到目的，需在球磨机内用玛瑙球将两相进行混合，混合均匀后用压滤机脱水，在电炉上焙烧，加热至粉末状时，固相反应意外的现象也在同时进行：颗粒增长，烧结，且这两种现象同时在原料和反应物间出现。

固相反应在室温下进行得比较慢，为了提高反应速率，需要加热至1000～1500℃，因此热力学和动力学在固相反应中都有很重要的意义。

3.1.2　固相反应的特点

固体质点间作用力很大，扩散受到限制，而且反应组分局限在固体中，使反应只能在界面上进行，反应物浓度不很重要，均相动力学不适用。

1. 塔曼学派观点

1）固态物质间的反应是直接进行的，气相或液相没有或不起重要作用。

2）固相反应开始的温度远低于反应物的熔点或系统的低共熔温度，通常相当于一种反应物开始呈现显著扩散作用的温度，此温度称为塔曼温度（Tammann Temperature）或烧结温度。

不同物质塔曼温度与熔点 T_m 之间的关系：

金属：$(0.3～0.4)T_m$

盐类：$(0.5～0.7)T_m$

硅酸盐：$(0.8～0.9)T_m$

3）当反应物之一存在有多晶转变（相变）时，则转变温度通常也是反应开始明显进行的温度——海德华定律（Hedvall's Law）。

2. 广义固相反应的共同特点

1）固态物质间的反应活性较低、反应速度较慢。

2）固相反应总是发生在两种组分界面上的非均相反应；固相反应包括两个过程：相界面上的化学反应，反应物通过产物扩散（物质迁移）。

3）固相反应通常需在高温下进行，且由于反应发生在非均相系统，因而传热和传质过程对反应速度都有重要影响。

3.1.3 主要仪器设备

固相反应过程中主要涉及混料设备，烧结设备和粉碎设备三大类，详细介绍如下：

1. 混料设备

应用较为广泛的混料设备有以下几种：倾斜式圆筒混合机、双螺旋锥形混合机和高速混合机。

（1）倾斜式圆筒混合机

倾斜式圆筒混合机的工作原理为：随着圆筒转动，筒内混合料被带到一定高度后向下抛落翻滚，经多次循环完成混合。倾斜式圆筒混合机的容器轴线与回转轴线之间有一定的角度，因此粉料运动时有 3 个方向的速度，流型复杂，加强了混合能力，无死角。倾斜式圆筒混合机的主要优点是结构简单，维护方便；缺点是混合时间长，效率低。

倾斜式圆筒混合机的用途如下：

1）将多种物料配合成均匀的混合物。例如将水泥、砂、碎石和水混合成混凝土湿料。

2）增加物料接触表面积以促进化学反应。例如气液相催化反应时，既要使固体粉状催化剂或液体催化剂（密度不同于参加反应的液体）在液体中均匀悬浮，又要使气体形成小气泡在液体中均匀分散。

3）加速物理变化。例如粒状溶质加入溶剂，通过混合机械的作用可加速溶解混匀，分为大中小三种类型。

新设计的大型圆筒混合机的结构具有很多新的优点，而且在传动精度上

要求也高，主要体现在以下几点：

1）设微动传动，通过爪形离合器连接，用在安装及检修过程中可使筒体慢速正反转，便于操作、调整及清理物料。

2）筒体整体焊接，滚圈整体锻造，筒体由滚圈和钢板焊制而成的圆筒对接焊成，滚圈为整体锻造，它为筒体的一部分，这种结构制造容易、安装简单，筒体刚度大，避免了滚圈与筒体在运转时产生的滑动现象；滚圈寿命长，其断面采用实心梯形，形状简单、便于制造；大齿圈为铸钢，分两半制造，用螺栓连接，由铰制配合螺栓和普通螺栓与筒体上的固定架连接，安装时根据筒体上设置的专用基准进行调整。

3）为了防止筒体内的磨损和提高混合效果，防止粘料，筒体内不设金属的扬料板，全部设耐磨橡胶衬板和扬料板。在给料端 1.5m 段内，耐磨橡胶扬料板与混合机中心线呈一定角度，螺旋线形的扬料板起往排料端导料的作用，一般螺旋角为 15°~20°，其余耐磨橡胶衬板及橡胶压条均与筒体中心线平行，橡胶衬板与筒体内表面的接触面设计成带凹槽形，在筒体运转中，与物料接触的衬垫表面总是活动的。物料冲击衬板使其下凹，当物料从低处运行到最高点时，由于物料的重力作用，衬板由下凹变为外凸，即使物料一时粘在衬板上，也都能被抖落下来，使筒体不粘料，橡胶压条也可起到扬料板的作用，固定螺全不外露，全部处于衬板内，不与物料接触，以免磨损破坏后使衬板脱落，由于全橡胶衬板不粘料，提高了混合效果。

4）采用整体托辊底座和分散的传动部分底座。一对托辊的底座为一整体，便于安装调整，可保证安装精度，而传动部分的底座是分开的，结构简单，制造方便，重量轻，安装调整也方便。

5）减速器壳体和齿轮采用焊接结构。考虑到安装的方便，二次混合机的减速器上盖分成两半。这种结构外形美观，重量轻，焊接齿轮可以合理利用材料。结构合理，外形规整，但焊接技术要高，不易保证质量。

6）自动喷油润滑。滚圈与托辊之间，滚圈与止推挡辊之间，小齿轮与大齿轮之间的接触面润滑是自动喷油润滑，由于厚油膜有强的承载能力，摩擦表面完全被油膜隔开，摩擦件之间的摩擦力被润滑油的内摩擦力代替，这种流体动力润滑是最理想的润滑状态。采用自动喷油润滑，保证了摩擦件表面均匀布油，避免了摩擦件的磨损，大大延长了摩擦件的使用寿命。

（2）双螺旋锥形混合机

双螺旋锥形混合机的工作原理：

1）由于双螺旋的公转而使粉粒沿着锥体壁做周围运动。

2）由于螺旋叶片的自转，使粉体向锥体中央排放做径向运动。

3）粉体从锥底向上升流并向螺旋外周围表面排出，进行物料混合。

4）螺旋自转引起的粉粒向下降流，正是由于螺旋在混合机内的公转自转的组合，形成了粉体的四种流动形式，即对流、剪切、扩散、渗合的复合运动。因此，粉体在混合机内能迅速地达到均匀混合。

双螺旋锥形混合机结构主要由传动装置、螺旋装置、筒体、筒盖、出料阀及喷液装置等部件组成。

1）传动装置：由自转电动机和公转电动机的运动，通过蜗杆、蜗轮（摆线针轮减机）、齿轮调整到合理的速度，然后传递给螺旋使螺旋实现自转、公转两种运动。

2）螺旋装置：筒体内两只非对称排列的悬臂螺旋做自转、公转行星运动时，在较大范围内翻动物料，使物料快速达到均匀混合。

3）筒体：筒体为锥形结构，作盛物料之用。

4）筒盖：筒盖支撑这整个传动部分，传动部分用螺栓固定在筒盖上。筒盖上设有若干孔，供进料、观察、清洗、维修用。

5）出料阀：安装在筒体底部，用于控制物料流出，可分为手动和机动两种形式。

6）喷液装置：喷液装置由旋转接头和喷液部件组成，喷液部件用法固定分配箱下端盖上，由转臂带动一起运转，旋转接头和喷液部件为活动连接，以便旋转接头固定地管道上。

双螺旋锥形混合机主要特点：

1）结构先进、操作方便、运行安全可靠。

2）混合速度快，且质量均匀。机双螺旋结构为非对称排列，一大一小扩大了搅拌范围，因而对比重悬殊混配比悬殊的物料混合更为合适。

3）节能效果显著，与圆筒混合机相比，能耗仅为其1/10。

4）对颗粒物料的磨损和压馈微小，对热敏性物料混合不发生过热反应。

5）混合的制剂稳定，不发生分层及离析现象。

6）密封无尘，操作简单、维修方便、使用寿命长。此外，还可根据用户要求，将锥形制成压力容器进行加压或真空操作。

7）自转、公转各由一套电动机及摆线针输减速机完成。

锥形混合机是一种新型高效、高精度的颗粒物混合设备，它广泛适用于化工、农药、染料、医药、食品、饲料、石油、冶金矿山等行业的各种粉体颗粒的混合。

（3）高速混合机

高速混合机的工作原理为：由电动机通过胶带轮、减速箱直接带动主轴进行旋转，安装在主轴上具有特殊形状的旋转叶片随之转动，在离心力的作用下，物料沿固定混合槽的锥形壁上升，处于翻转运动状态，形成一种旋流运动，对于不同密度的物料，易于在短时间内混合均匀，混合效率比一般混合机高一倍以上。参与混合的各种原料及结合剂，由上部入料口投入，混合后的物料由混合槽的侧面卸料口排出。为适应某些物料的混合要求，该设备设有保温套，可以对物料进行冷却、加热和保温。

高速混合机结构主要由混合槽、旋转叶片、传动装置、出料门及冷却、加热装置组成。

1）混合槽：由碾盘、壳体和顶体等组成的锥形容器。顶盖上设有物料和结合剂的入料口，银盘结构为夹套式，以供冷却水和热水通过。

2）旋转叶片：具有特殊形状的搅拌桨叶。桨叶安装在主轴上，在工作过程中可以变换两种速度（60r/min 和 120r/min），从而使物料得到充分的混合。

3）传动装置：由电动机、胶带轮及减速箱组成。电动机为变极调速形式。

4）出料门：安装在混合槽侧面的出料机构，混合好的物料由此排出。开门机构由一套连杆系统组成，由气缸直接带动。

5）冷却、加热装置：由冷却水槽、热水槽、冷却和热水循环装盆等组成。为了保证混合时物料的温度，调节冷却水和热水量应能自动控制。

高速混合机特别适合对固–液、固–粉、粉–粉、粉–液进行高效的均匀混合。

2. 烧结设备

（1）管式炉

管式炉是一种加热设备，主要部件为盛放物料的管状装置，以电为能耗，用加热部件对管内物质进行加热，或者通气与管内物质反应，或者抽真空让管内物质进行加热生成所需要物料。

管式炉按炉型可分为常规管式炉、立式管式炉、旋转管式炉、多温区管式炉、多工位/滑道管式炉、RTP 快速退火炉等。

管式炉烧结样品量较少，实验室研发使用较多，主要运用于冶金、玻璃、热处理、锂电池正负极材料、新能源和磨具等行业。炉型结构简单，操作容易，便于控制，能连续生产。

（2）箱式炉

箱式炉又名马弗炉，实验室研发使用较多，一般烧结物料的质量为百克级到公斤级，广泛用于陶瓷、冶金、电子、玻璃、化工、机械、耐火材料、新材料开发、特种材料、建材等领域的生产及实验。

箱式炉仪器特点：

1）体积小、重量轻、保温效果好、升温速度快。

2）面板采用不锈钢制作。

3）操作简单、维修方便、炉后配有可控烟囱。适用于煤炭、焦化产品、化工原料的化学分析。

箱式炉的工作特点：

1）控制精度：±1℃；炉温均匀度：±1℃（根据加热室大小而定）。

2）升温快（升温速率1℃/h～40℃/min 可调）。

3）节能（炉膛采用进口纤维制作而成，耐高温、耐急热急冷）。

4）炉体经精致喷塑耐腐蚀耐酸碱，炉体与炉膛隔离采用风冷炉壁温度接近室温。

5）双回路保护（过温、过电压、过电流、断偶、断电等）。

6）炉膛材料采用优质耐火材料，保温性能好，耐温高，耐急冷急热。

7）温度类别：1200℃、1400℃、1600℃、1700℃、1800℃ 五种。

（3）工业用窑炉

按煅烧物料品种，工业用窑炉可分为陶瓷窑、水泥窑、玻璃窑、搪瓷窑等；按操作方法可分为连续窑（隧道窑）、半连续窑和间歇窑；按热源可分为火焰窑和电热窑；按热源面向坯体状况可分为明焰窑、隔焰窑和半隔焰窑；按坯体运载工具可分为窑车窑、推板窑、辊底窑（辊道窑）、输送带窑，步进梁式窑和气垫窑等；按通道数目可分为单通道窑、双通道窑和多通道窑。一般大型窑炉燃料多为重油，轻柴油或煤气、天然气。

以下重点介绍在新能源行业应用较多的辊道窑和推板窑。

1）辊道窑。

辊道窑是一种截面呈狭长形的隧道窑，与窑车隧道窑不同，它不是用装载制品的窑车运转，而是由一根根平行排列、横穿窑工作通道截面的辊子组成辊道，制品放在辊道上，随着辊子的转动而输送入窑，在窑内完成烧成工艺过程，故称辊道窑。

辊道窑的工作原理是：坯体放在垫板上，然后再把热板放在辊子上，由于辊子不间断地进行转动，使得坯体循序渐进，每一个辊子都有一个小链轮，进行分组平稳转动。温度较低处的辊子是用耐热的镍铬合金钢做的，温度较高处的辊子则是用耐温度高的陶瓷做的。辊子在燃烧室的上方，它是通过燃料产生高温的，比如煤油，柴油等。燃烧室和辊道之间有耐火的材料隔离，这样火焰就不会直接烧到产品。辊道窑的截面很小，里面的温度很均衡，很适合烧成，但辊子材质和安装技术要求较高。

辊道窑可按使用的燃烧结构分类，也可按加热方式分类，还可按工作通道多少来分类，比较常见的是结合燃烧结构与加热方式进行分类。

① 明焰辊道窑——火焰进入辊道上下空间，与制品接触并直接加热制品。

a）气烧明焰辊道窑：常用的气体燃料有天然气、炉煤气、液化石油气等。

b）烧轻柴油明焰辊道窑：由于供油系统比供气系统简单，投资也较少，国内近些年建造的明焰辊道窑大多为烧轻柴油的。

② 隔焰辊道窑——火焰一般只进入与窑道隔离的隔焰道（马弗道）中，通过隔焰板将热量辐射给制品并对其进行加热。

a) 煤烧隔焰辊道窑：煤在火箱中燃烧，火焰进入辊道下的隔焰道内，间接加热制品。国内有些煤烧辊道窑为稳定窑温、减少上下温差，采取在辊上安装若干电热元件（如硅碳棒），对制品进行补偿加热，对提高产品质量有一定的效果。这类辊道窑可称为煤电混烧辊道窑，但也属煤烧隔焰辊道窑的范畴。

b) 油烧隔焰辊道窑：以重油或渣油为燃料，火焰一般也是进入窑道下的马弗道中，间接加热制品。我国 20 世纪 80 年代初建造的油烧隔焰辊道窑除辊下设隔焰道外，还在辊上增设隔焰道，但后来一般都取消了辊上隔焰道。80 年代中后期，烧重油的辊道窑大都改进为油烧半隔焰辊道窑，即在适当的部位留设放火口，使部分燃烧产物进入工作通道中。由于油烧半隔焰辊道窑除放火口外，其他结构与油烧全隔焰辊道窑类同。故可将它归在一类。

③ 电热辊道窑——以安装在辊道上下的电热元件（如硅碳棒或电热丝）作为热源，对制品辐射加热。适用于电力资源丰富的厂家或小型辊道窑。

在上述几种类型的辊道窑中，由于明焰辊道窑的燃烧产物直接与制品接触，对提高传热效率、均匀窑内断面温度场、节能等都是有利的，代表了辊道窑的主流。

辊道窑还可按工作通道的多少来分类：有单层辊道窑、双层辊道窑和三层辊道窑等。多层辊道窑可节省燃料，缩短窑长，减少用地，降低投资费用。但由于层数增多，使入窑及出窑的运输线、联锁控制系统、窑炉本身结构都更加复杂，给清除废渣、碎片等带来不少困难。

我国目前大多采用单层辊道窑，有的采用两层通道，一层用来焙烧制品，另一层用于干燥坯体。干燥热源利用的是焙烧层的余热。一般说来，当窑宽较窄、工作温度也不太高、占地受到限制时，宜采用多层，但一般也不宜超过三层。其他情况下以单层为好。

辊道窑属连续性生产的隧道式窑炉，如同窑车隧道窑一样，按制品在窑内进行预热、烧成和冷却的三过程，也可将辊道窑分为三带：预热带、烧成带和冷却带。由于辊道窑在外宽尺寸上，全窑一般无变化，故辊道窑一般按制品温度来划分：窑头至 850~900℃ 作为预热带，850~900℃ 到制品成瓷温度（包括保温）为烧成带，余下部分为冷却带。辊道窑的工作系统，是指窑

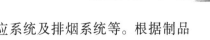

内气体的运动路线，包括送风系统、燃料供应系统及排烟系统等。根据制品的烧成工艺合理地布置工作系统，是设计结构合理的辊道窑的前提。辊道窑类型不同，工作系统也不相同。

2）推板窑。

推板窑的耐火板直接承载在耐高温的导轨上，由于受耐火板承载推力限制，窑炉一般不长，因而产能较低，而且由于采用推进器直接推动耐火板前进，容易产生"拱窑"现象而导致窑炉故障。

① 设备炉型：按照炉体单炉膛中并列推板的数量可分为单推板和双推板型；按照炉膛中推板的运动方向可分为反向推进和同向推进型；按照推板的运动循环可分为全自动和半自动型等；按照烧结产品的气氛可分为氧化性气氛、中性气氛、还原性气氛、碱性气氛和酸性气氛等。

② 设备基本组成：由推进系统、炉体、出料系统、循环系统、电气控制系统、温度测量控制系统、加热系统（硅碳棒、硅钼棒、电阻丝等电热元件）、气路系统等组成。

③ 用途：用于电子陶瓷、结构陶瓷、高铝陶瓷、化工材料、电子元器件、磁性材料、电子粉体、发光粉体（发光粉、荧光粉）等产品的烧结。

④ 主要特点：耐火材料采用进口轻质聚轻砖；加热元件选用等直径电阻丝棒（最高温度1050℃）；温度控制系统采用智能控温仪控制，主要温区采用热电偶测温；控制方式采用周期过零控制；推进系统采用经典丝杠推进；可通过PLC等设备控制，无级变频调速，窑炉高温区采用上下独立控温。

推板窑与辊道窑是两种截然不同的窑炉结构，从其运行方式来看，推板窑是依靠推板做挤压式传动；而辊道窑则利用转动的辊子来实现匣钵的传动。

对于锂离子电池的三元材料制备，用辊道窑和推板窑的优缺点对比见表3-1。从表中可以看出，辊道窑比推板窑更适合煅烧三元材料。

表3-1　三元材料用双列辊道窑和双列推板窑对比

项目	双列推板窑	双列辊道窑	备注
窑长	通常小于36m，再长容易拱板	可达60m以上	窑长产量大，温度曲线好调

（续）

项目	双列推板窑	双列辊道窑	备注
炉顶形式	一般为平顶	一般为平顶	—
产品单耗	高于辊道窑	低于推板窑	速度相同时
装载量	两层或三层钵	两层或三层钵	宽截面窑单层钵较多
辊棒	无	通常为刚玉－莫来石	碳化硅辊道强度好、价格高
移进板	通常厚30mm	通常厚15mm	无移进板时对匣钵要求高
粉尘	偏大	稍小	移进板摩擦粉尘
工作截面温差	≤±5℃	≤±5℃	辊道窑单层时更好
空气气氛	一般	稍好	进气量相同时
保护气氛	较好	稍差	进气量相同时，辊道窑密封较难
升温速度	一般	较快	单层时较快
冷却速度	一般	较快	单层时较快
加热元件	通常为电热丝	通常为电热丝	双列窑顶部通常设辐射板
设备造价	一般	一般	与材料、配置有关
产品一致性	一般	较好	由温度均匀性决定
事故处理	无处理孔	可设处理孔	事故情况不同，处理难易不同

3. 粉碎设备

以锂离子电池的材料制备为例，三元材料在煅烧之后物料板结，需要进行三级破碎，以便进行后处理。一般来说，采用的粉碎设备按照颗粒度的大小分为颚式破碎机、辊式破碎机和气流粉碎机。

（1）颚式破碎机

破碎方式为曲动挤压型，通过偏心轴使动颚上下运动，动颚上升时肘板推动动颚板向定颚板接近，使物料被挤压破碎，而当动颚下行时，动颚板离开夹板，已破碎物料排出。颚式破碎机的优点是破碎比大、结构简单、工作可靠，运营费用低，缺点是存在空转行程，不能粉碎黏湿物料。颚式破碎机结构图如图3-1所示。

（2）辊式破碎机

通过电动机带动辊轮，按照相对方向旋转，在破碎物料时，物料从进料

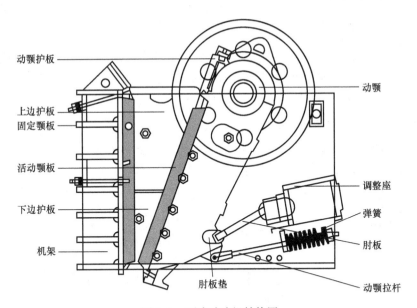

动颚护板
上边护板
固定颚板
活动颚板
下边护板
机架
肘板垫
动颚
调整座
弹簧
肘板
动颚拉杆

图 3-1 颚式破碎机结构图

口通过辊轮，经碾压而破碎，破碎后的成品从底架下面排出。辊式破碎机的优点是结构简单、紧凑轻便，能破碎黏湿物料，缺点是不能破碎大块物料。辊式破碎机结构图如图 3-2 所示。

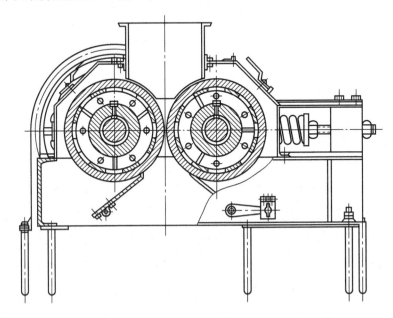

图 3-2 辊式破碎机结构图

（3）气流粉碎机

以高速气流为动力和载体，通过粉碎室内喷嘴把压缩空气形成的气流束变成速度能量，使物料通过本身颗粒之间的撞击，气流对物料冲击剪切作用以及物料与其他部分部件的冲击、摩擦、剪切而使物料粉碎。气流粉碎机的优点是产品平均粒度小，粒度分布较窄，颗粒表面光滑，颗粒形状规整；缺点是样品要求高、成本高、能耗大、产能低，适用于微粉和超微粉碎。气流粉碎机结构图如图3-3所示。

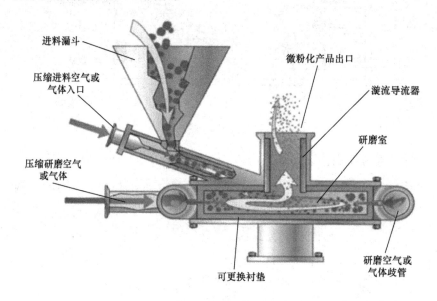

图3-3　气流粉碎机结构图

3.1.4　工艺参数的影响

物料在烧结之前首先要进行充分混合，根据固相反应的特点和条件合理控制原料配比，在保证颗粒不被打碎的同时，使物料间充分混合均匀，因此需要控制混料设备的运转速率和时间，有些混料需要采用球料混合，可以提高混合物料的均匀性，因此需要控制球与物料的质量比在合适的范围，质量比太小会导致混料不均匀，太大则会导致物料颗粒被打碎。烧结过程中还应严格控制烧结温度、烧结时间和烧结气氛，结合物料的特性确定最优的烧结温度，同时控制烧结时间在合适的范围，避免出现烧结不充分或过烧的情况，烧结气氛根据物料种类确定是通惰性气氛还是氧气或空气气氛。

3.1.5 高温固相法的应用

锂离子电池三元正极材料（三元材料）的制备过程中需要进行高温烧结，属于典型的固相反应，因此下文重点以锂离子电池三元正极材料为例，介绍其工艺流程，固相烧结反应原理，烧结工艺及原材料技术指标对材料烧结过程及性能的影响。

1. 工艺流程

三元正极材料的生产流程大致包括锂化混合、装钵、窑炉烧结、粉碎、分级、批混、包装等步骤，如图 3-4 所示。首先，将前驱体和锂源按一定比例在混料机中混合均匀，然后放入匣钵中进入窑炉，在一定的温度、时间、气氛下进行煅烧，冷却后的物料进行破碎、粉碎、分级，得到一定粒度的物料，将其批混干燥，即得到三元正极成品，根据对产品性能需求，可采取针对性改性措施提升材料性能。

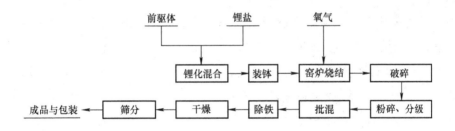

图 3-4 三元材料制备工艺流程图

2. 三元材料固相烧结反应原理

（1）锂化工艺

三元材料煅烧的反应式如式（3-1）或式（3-2）所示，其中式（3-1）的锂源为碳酸锂，式（3-2）的锂源为单水氢氧化锂。

$$M(OH)_2 + 0.5Li_2CO_3 + 0.25O_2 = LiMO_2 + 0.5CO_2 + H_2O\uparrow \quad (3-1)$$

$$M(OH)_2 + LiOH \cdot H_2O + 0.25O_2 = LiMO_2 + 2.5H_2O\uparrow \quad (3-2)$$

式中，M 为镍（Ni）、锰（Mn）、钴（Co）中的三种元素的任意比例。

锂化配比即锂（Li）与 M 的摩尔比，按照化学计量数，锰钴镍盐的物质的量总和 M 应该等于锂源的物质的量 Li，即 $Li/M = 1$，然而在实际生产中，锂化配比并不能这样简单计算。首先前驱体的氧化、水分、杂质都会导致实际金属的物质的量偏少，而锂源除了存在水分、杂质影响外，还可能在煅烧过程中发生挥发现象。一般情况下，三元正极材料的锂化配比在 1.02 ~ 1.15 之间，锂化配比对于正极材料的性能影响较大，过高或者过低都会使材料的比容量下降。如不同锰钴镍比例的前驱体，最佳的锂化配比都不相同，不同厂家、不同工艺的锂化配比也不相同，需要通过实际测试得到。

（2）煅烧工艺

煅烧是高镍三元正极制备的核心工艺，混合材料通过多种物理化学变化形成新物质，参见式（3-1）和式（3-2）。

煅烧工序中煅烧次数、煅烧时间、煅烧气氛、煅烧步骤等因素对材料的性能影响较大。从产能、成本上考虑，一次煅烧都是最理想的方案。但有时一次煅烧达不到要求，可能需要多次煅烧。多次煅烧带来的弊端还有由于多次煅烧导致的需要多次粉碎、筛分过程，接触设备和管道时间长，会导致杂质增多。一般二次煅烧的单次窑炉煅烧产能比一次煅烧的产能要高。

镍含量越高，煅烧温度越低。NCM111[⊖]材料煅烧温度接近 1000℃，而 NCM811 的煅烧温度仅为 700℃左右。主要是因为高镍三元正极中镍含量较高，而较高的煅烧温度会加剧 Li/Ni 混排（影响高镍三元正极性能的重要原因之一，即 Li 和 Ni 原子相互迁移到对方的位置上去，导致晶体结构破坏），影响性能。即使对于同种锰钴镍比例的材料，不同厂家或不同工艺路线生产出的三元前驱体材料最佳煅烧温度也各不相同。煅烧温度对材料的性能影响很大，合适的煅烧温度可以使晶体致密，提高振实密度，而温度过高，容易使材料二次结晶，比表面积过小，不利于锂离子的脱嵌。只有煅烧温度适中，才能使材料的性能达到最佳状态。

煅烧温度和煅烧时间之间有相互关系，一般来说煅烧温度越高，煅烧时间越短。煅烧时间的影响主要体现在颗粒的大小和残余锂量上，一般来说煅烧时间越长，残余锂越少，单晶颗粒越大。

三元正极的煅烧过程是氧化反应，需要消耗氧气。燃烧气氛中氧分压升高，有利于促进阳离子加速扩散和促进燃烧。通常使用的方法有：

⊖ NCM 分别表示三元材料中的镍、钴和锰，111 表示三种材料的比例为 1:1:1；后文的 NCM811 即表示镍:钴:锰 = 8:1:1。

1）增加进气量与排气量；

2）稀释反应产生的气体浓度；

3）减少煅烧量；

4）纯氧燃烧。

对于普通的三元正极，制造厂商综合成本考虑通常使用增加进气量与排气量的方法，而对于高镍三元正极来说，必须采用纯氧作为燃烧气氛。

（3）改性工艺

改性过程同样应用了固相反应，无论是干法包覆还是湿法包覆，经过混料设备将三元材料与包覆剂混合均匀后，在富氧气氛中进行高温烧结，通过高温反应，包覆剂会附着在材料表面，当超过包覆剂熔点时，包覆剂发生熔融与材料融合在一起，得到所需要的改性材料。

为提高材料的容量，需包覆具有提容效果的改性剂；为提高材料的倍率性能，需包覆具有电子导电性或离子导电性的改性剂；为提高材料的循环性能，需包覆惰性化合物抑制材料在充放电过程中材料的不可逆相变和过渡金属离子的溶解，同时减缓材料本体与电解液的副反应。

三元正极的包覆主要有无机包覆和有机包覆两种方法。无机包覆即在无机体系下将改性材料包覆在三元正极表面，通过无机包膜罐，将三元正极和纯水以一定比例放入包膜罐，通过搅拌让三元正极颗粒在水中均匀分散后，在合适的温度和 pH 值下，缓慢加入包覆物质，使其均匀地包覆在三元正极表面。而有机包膜是在有机体系下对三元正极包覆，均匀度要好于无机包膜，但是涉及有机物的使用和回收，工艺较为复杂。

3. 主要原料及技术指标对材料烧结过程及性能的影响

（1）前驱体

前驱体的主要指标有镍含量、钴含量、锰含量、总金属含量、杂质含量、振实密度、粒度分布、比表面积和形貌等。其中镍、钴、锰的含量是判断前驱体组分是否符合要求的唯一指标；总金属含量是配锂的关键指标，也是判断前驱体是否氧化的重要参数；振实密度、粒度分布、比表面积、形貌等影响煅烧工艺和成品性能；杂质主要影响成品电化学性能。当采用不同厂家的前驱体进行煅烧的时候，需要对工艺参数进行调整，才能得到性能相同的成品。有些品质较差的前驱体，无论如何调整工艺参数，都无法得到品质优异的成品。下面具体介绍一下前驱体的氧化、前驱体粒度分布、前驱体形貌对煅烧工艺和成品性能的影响。

三元材料前驱体的理论总金属含量为固定值。一般情况下，因前驱体含有水分和杂质，实际金属含量都低于理论金属含量。但氧化的前驱体，因其分子式已经发生变化，所以金属含量高于氢氧化物的金属含量。氧化的原因有反应过程中的氧化、烘干温度过高氧化等。氧化前驱体和未氧化物前驱体的煅烧制度不一样，若用未氧化物前驱体的煅烧制度煅烧氧化前驱体，则成品性能将大大降低。

前驱体粒径大小不一样，需要的煅烧温度也不相同。粒径越小，从颗粒表面到中心的传热需要的时间越短，如果煅烧温度相同，颗粒越小，煅烧需要的时间越短，单晶成长越快。粒径分布越窄的前驱体，反应烧成过程中从颗粒表面到中心的传热需要的时间越一致，晶粒的生成长大时间也一致，得到的单晶颗粒大小也基本趋于一致，而粒径分布不均匀的前驱体，得到成品的单晶颗粒大小也不相同。

不同工艺参数生产出来的前驱体形貌各不相同。单晶颗粒细小的前驱体，需要的煅烧温度较低，成品单晶也较小；前驱体单晶呈厚片状的，煅烧的成品单晶也较大，两种形貌的成品压实密度和倍率性能都会有所不同。

（2）锂源

常见的锂源有碳酸锂（Li_2CO_3）、单水氢氧化锂（$LiOH \cdot H_2O$）、硝酸锂（$LiNO_3$）等。硝酸锂因使用中会产生有害气体，一般不被选择作为锂源。三元材料制备过程中常用的锂源是碳酸锂，其次是单水氢氧化锂。虽然从反应活性和反应温度上来看，单水氢氧化锂优于碳酸锂，但是由于单水氢氧化锂的锂含量波动比碳酸锂大，且氢氧化锂腐蚀性强于碳酸锂，若无特殊情况，三元材料生产厂家都倾向于使用含量稳定且腐蚀性弱的碳酸锂。

碳酸锂是一种白色疏松的粉末，流动性较差，松装密度在 $0.5g/cm^3$ 左右。其熔点为700℃左右，分解温度为1300℃左右。

用于制备三元材料的碳酸锂的关键品质点是锂含量、杂质含量、粒度分布。行业标准 YS/T 582—2013《电池级碳酸锂》中对电池级碳酸锂的品质要求和检测方法规定见表3-2 $^{\ominus}$。

表3-2　行业标准对电池级碳酸锂的品质要求和检测方法规定

项目		含量指标（2013版标准）	含量指标（2023版标准）			标准中规定的检测方法
			Li_2CO_3-D1	Li_2CO_3-D2	Li_2CO_3-D3	
Li_2CO_3		≥99.5%	≥99.5%	≥99.5%	≥99.5%	按照国标GB/T 11064《碳酸锂、单水氢氧化锂、氯化锂化学分析方法》系列中规定的方法测试
钠（Na）		≤0.025%	≤0.005%	≤0.02%	≤0.025%	
镁（Mg）		≤0.008%	≤0.001%	≤0.005%	≤0.008%	
钙（Ca）		≤0.005%	≤0.002%	≤0.005%	≤0.008%	
钾（K）		≤0.001%	≤0.001%	≤0.005%	≤0.010%	
铁（Fe）		≤0.001%	≤0.0005%	≤0.0010%	≤0.0020%	
锌（Zn）		≤0.0003%	≤0.0001%	≤0.0003%	≤0.0005%	
铜（Cu）		≤0.0003%	≤0.0001%	≤0.0003%	≤0.0005%	
铅（Pb）		≤0.0003%	≤0.0001%	≤0.0003%	≤0.0005%	
硅（Si）		≤0.003%	≤0.002%	≤0.003%	≤0.005%	
铝（Al）		≤0.001%	≤0.0005%	≤0.0010%	≤0.0020%	
锰（Mn）		≤0.0003%	≤0.0001%	≤0.0003%	≤0.0005%	
镍（Ni）		≤0.001%	≤0.0001%	≤0.0003%	≤0.0005%	
SO_4^{2-}		≤0.08%	≤0.04%	≤0.07%	≤0.08%	
Cl^-		≤0.003%	≤0.002%	≤0.003%	≤0.005%	
磁性物质		≤0.0003%	≤50μg/kg	≤100μg/kg	≤300μg/kg	电感耦合等离子体发射光谱法测铁、锌、铬三元素含量
水分		≤0.25%	≤0.2%	≤0.2%	≤0.2%	按照国标GB/T 6284—2016《化工产品中水分测定的通用方法 干燥减量法》中规定的方法测试
粒度	D_{10}	1.0μm	≥1.0μm			按照国标GB/T 19077—2016《粒度分布 激光衍射法》中规定的方法测试
	D_{50}	3~8μm	4~8μm			
	D_{90}	9~15μm	9~15μm			
	D_{99}	—	≤30μm			
外观质量		白色粉末，无杂物				目视法

$\ominus$　本书出版之际，该标准更新了2023版。表3-2给出了新旧标准的对比，其中2023版标准将
　　碳酸锂分为D1、D2和D3三个牌号。

氢氧化锂是指单水氢氧化锂，分子式为 LiOH·H_2O。单水氢氧化锂是白色单斜细小结晶，强碱性，有腐蚀性，在空气中能吸二氧化碳和水分；溶于水，微溶于乙醇；$1mol·L$ 溶液的 pH 值约为 14；相对密度为 $1.51g/cm^2$；熔点为 500℃左右。

制备三元材料用氢氧化锂的关键品质点和碳酸锂相同，为锂主含量、杂质含量和粒度分布。国标 GB/T 26008—2020《电池级单水氢氧化锂》中对电池级单水氢氧化锂的品质要求和检测方法规定见表 3-3，标准中将电池级氢氧化锂分为 LiOH·H_2O–D1、LiOH·H_2O–D2、LiOH·H_2O–D3 三个牌号。

表 3-3　国标对电池级单水氢氧化锂的品质要求和检测方法规定

项目	牌号			检测方法
	LiOH·H_2O–D1	LiOH·H_2O–D2	LiOH·H_2O–D3	
LiOH 含量	56.5%～57.5%	56.5%～57.5%	56.5%～57.5%	
铁（Fe）	≤0.0007%	≤0.0007%	≤0.0007%	
钾（K）	≤0.003%	≤0.003%	≤0.005%	
钠（Na）	≤0.005%	≤0.005%	≤0.01%	
钙（Ca）	≤0.002%	≤0.005%	≤0.01%	按照国标 GB/T 11064《碳酸锂、单水氢氧化锂、氯化锂化学分析方法》系列中规定的方法进行测试
铜（Cu）	≤0.0001%	≤0.0001%	≤0.0001%	
镁（Mg）	≤0.001%	≤0.001%	≤0.001%	
锰（Mn）	≤0.001%	≤0.001%	≤0.001%	
硅（Si）	≤0.005%	≤0.005%	≤0.005%	
CO_3^{2-}	≤0.4%	≤0.5%	≤0.5%	
SO_4^{2-}	≤0.008%	≤0.01%	≤0.01%	
Cl^-	≤0.002%	≤0.002%	≤0.002%	
盐酸不溶物	0.005%	0.005%	0.005%	
外观	晶体型产品为白色晶体颗粒，具有流动性，不得有可视杂物；微粉型产品为白色粉末，具有流动性，不得有可视杂物			目视法

3.2 沉淀法

3.2.1 定义及原理

沉淀法是一种重要的化学分离和纯化技术，广泛应用于工业、科研和实验室等领域。该方法基于难溶电解质的溶解平衡原理，通过向溶液中加入适当的沉淀剂，使目标离子与其他离子结合形成难溶的沉淀物，从而实现目标离子的分离和纯化。

从专业的角度来看，沉淀法的原理涉及溶液中的离子浓度、溶度积常数（K_{sp}）以及难溶电解质的生成。当溶液中的离子浓度乘积达到或超过某个特定的溶度积常数时，难溶电解质就会开始沉淀。这个过程受到多种因素的影响，包括温度、pH 值、离子浓度以及沉淀剂的种类和用量等。

根据操作方式和原理的不同，化学沉淀法可以分为离子水解法和难溶盐沉淀法两类。离子水解法是分离和提取溶液中的金属离子组分的一种常用方法，当用碱中和或用水稀释酸性溶液时，其中的金属阳离子呈金属氢氧化物或碱式盐的形态沉淀析出。难溶盐沉淀法是使某些组分呈难溶化合物的形态沉淀析出的方法，可用于组分分离、除杂或提取。难溶盐沉淀法分为加沉淀剂沉淀法、浓缩结晶法和盐析结晶法三种。其中，加沉淀剂沉淀法应用最广，常用的沉淀剂有硫化物、氯化物、碳酸盐、磷酸盐、草酸盐等。

在实际应用中，沉淀法需要严格控制实验条件和后续处理步骤，以确保沉淀物的生成和纯度。例如，需要精确控制溶液的温度、pH 值和离子浓度等参数，以及选择合适的沉淀剂和用量。此外，沉淀物的洗涤、过滤和干燥等后续处理步骤也对最终产物的质量和纯度有着重要的影响。

共沉淀法作为沉淀法的一种应用，在液相化学合成粉体材料中应用最为广泛，是一种制备含有两种或两种以上金属元素的复合氧化物超细粉体的重要方法。一般是向原料溶液中添加适当的沉淀剂，使溶液中已经混合均匀的各组分按化学式计量比共同沉淀出来，或在溶液中先反应沉淀出一种中间产物，再把它煅烧分解制备出目标产品。采用该工艺可根据实验条件对产物的粒度、形貌进行调控，产物中有效组分可达到原子、分子级别的均匀混合，设备简单，操作容易。

3.2.2 沉淀法的应用

沉淀法在新能源材料制备领域的应用，主要应用于三元前驱体的制备，共沉淀反应则是三元前驱体制备的核心步骤，即 Ni^{2+}、Co^{2+}、Mn^{2+} 与 OH^- 一起沉淀形成均匀的、复合的 $M(OH)_2$（M 代表 Ni^{2+}、Co^{2+}、Mn^{2+}）。

在共沉淀法中，首先，将镍、钴、锰的金属盐（如硫酸盐、硝酸盐等）按照预定的化学计量比溶解在溶剂中，形成均匀的混合溶液。然后，在搅拌的条件下，将混合溶液缓慢滴加到含有沉淀剂的溶液中。沉淀剂通常是碱性的，如氢氧化钠、氨水等，用于调节溶液的 pH 值，使金属离子发生沉淀反应。

在沉淀反应过程中，金属离子首先与沉淀剂中的氢氧根离子结合，形成对应的氢氧化物。这个过程中，需要严格控制反应条件，如温度、pH 值、搅拌速度、滴加速度等，以实现对前驱体形貌、粒径、比表面积和振实密度等性能的精确调控。

反应结束后，通过过滤、洗涤和干燥等步骤，得到氢氧化物前驱体。洗涤的目的是去除附着在前驱体表面的杂质离子和残留的反应物，以确保前驱体的纯度。干燥则是为了去除前驱体中的水分，提高其稳定性。

最后，将干燥后的前驱体进行高温煅烧处理。煅烧过程中，前驱体中的氢氧化物会发生分解反应，生成对应的氧化物。同时，通过控制煅烧温度和时间，可以进一步调控前驱体的结晶度和化学稳定性。

总的来说，三元前驱体的合成原理涉及复杂的化学反应和物质转化过程。通过共沉淀法，可以实现对前驱体性能的精确调控和优化。接下来将以共沉淀法制备三元前驱体为背景介绍沉淀法制备粉体材料的主要设备及工艺参数。

3.2.3 主要仪器设备

三元前驱体，尤其是镍钴锰（NCM）或镍钴铝（NCA）前驱体的合成，是一个高度专业化的过程，涉及多个反应步骤和复杂的仪器设备。以下是该生产过程中使用的主要设备及其作用，以及为何这些设备对于前驱体的质量和性能至关重要。图 3-5 所示为三元前驱体制备工艺图。

1. 反应釜

作用：作为核心反应容器，反应釜用于容纳金属盐溶液、沉淀剂和其他

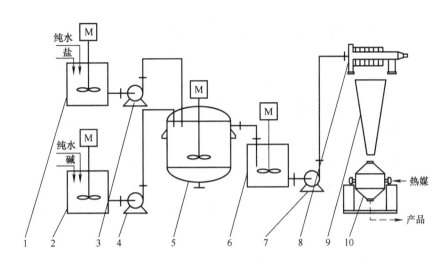

图 3-5 三元前驱体制备工艺图

1—盐溶解釜 2—碱溶解釜 3—盐转移泵 4—碱转移泵 5—反应釜 6—陈化釜

7—浆料泵 8—压滤机 9—导料斗 10—双锥干燥机

添加剂，以进行共沉淀反应。

设计特点：反应釜通常具备高效的搅拌系统以确保均匀混合，以及精确的温度和压力控制系统以维持反应条件。

影响：反应釜的设计和操作直接影响前驱体的颗粒大小、形貌、结晶度和纯度。

2. 计量和输送系统

作用：确保原料和化学品以精确的比例和速率输送到反应釜中，从而维持反应的稳定性和可重复性。

设备类型：包括高精度的称重传感器、计量泵、输送管道和自动阀门。

影响：精确的计量和输送对于控制前驱体的化学组成至关重要，任何偏差都可能影响最终产品的电化学性能。

3. 沉淀剂加入系统

作用：控制沉淀剂的加入速度和量，以优化沉淀反应的进行，从而得到具有所需结构和形貌的前驱体。

设备特点：该系统配备有沉淀剂储罐、精确的计量泵、流量控制阀以及自动控制系统。

影响：沉淀剂的加入速度和量对前驱体的结晶度、比表面积、振实密度等性质具有重要影响。

4. 搅拌和混合设备

作用：确保溶液中的各组分充分混合，促进金属离子与沉淀剂之间的均匀接触和反应。

设备类型：包括机械搅拌器、气流搅拌器、磁力搅拌器等，每种类型都有其独特的适用场景和优势。

影响：搅拌和混合的效果直接影响前驱体的均匀性和一致性，从而影响其电化学性能。

5. 过滤和分离设备

作用：将生成的沉淀物与母液分离，得到湿滤饼，以便进行后续的洗涤和干燥处理。

设备类型：真空过滤机、压滤机、离心机等，这些设备的选择取决于沉淀物的特性和生产规模。

影响：过滤和分离的效果影响前驱体的纯度和后续处理步骤的效率，进而影响最终产品的质量。

6. 洗涤和干燥设备

作用：去除前驱体表面的杂质和残留物，提高前驱体的纯度；通过干燥去除前驱体中的水分，提高其稳定性。

设备类型：洗涤槽、离心机、烘箱、喷雾干燥机、流化床干燥机等，每种设备都有其独特的优点和适用范围。

影响：洗涤和干燥步骤对于提高前驱体的纯度和稳定性至关重要，对最终产品的电化学性能有显著影响。

7. 气氛控制设备

作用：在煅烧或其他需要特定气氛的反应过程中，提供所需的氧气、氮气或其他惰性气体，以控制反应过程并优化前驱体的性质。

设备类型：气氛控制系统、气体流量计、气体混合器等，这些设备能够精确控制气氛的组成和流量，以满足不同反应阶段的需求。

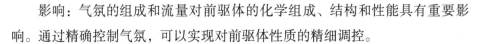

影响：气氛的组成和流量对前驱体的化学组成、结构和性能具有重要影响。通过精确控制气氛，可以实现对前驱体性质的精细调控。

8. 热处理和冷却设备

作用：在合成过程中提供所需的加热和冷却功能，确保反应在适当的温度范围内进行，并避免前驱体在合成过程中发生热应力或相变。

设备类型：加热器、冷却器、热交换器等，这些设备能够提供均匀和稳定的加热和冷却效果，以确保反应过程的顺利进行。

影响：热处理和冷却的效率直接影响前驱体的结构和性能稳定性。通过精确控制温度和热应力，可以确保前驱体在合成过程中保持稳定的结构和性能。

9. 质量检测和控制系统

作用：实时监测合成过程中的关键参数，如温度、压力、pH 值等，以确保产品质量和生产过程的稳定性。

设备类型：在线分析仪、传感器、自动控制系统等。

影响：质量检测和控制系统的准确性和可靠性对于保证前驱体的质量和生产过程的稳定性至关重要。

此外，还有一些辅助设备，如输送带、储罐、泵、控制系统等，它们在确保整个生产过程的连续性和稳定性方面发挥着关键作用。

综上所述，三元前驱体的合成生产涉及多种高度专业化的仪器设备，每个设备都是经过精心设计和选择的，以确保最终产品的性能和质量达到最高标准。在实际生产过程中，设备的选择、配置和操作都需要根据具体的工艺要求和生产规模进行优化和调整。

3.2.4 工艺参数的影响

三元前驱体是锂离子电池正极材料的重要组成部分，其合成过程中的工艺参数对于最终产品的性能具有至关重要的影响。以下将更详细、更专业地探讨三元前驱体合成反应的主要工艺参数及其对前驱体特性的影响。

1. 盐碱浓度

盐碱浓度直接决定了溶液中金属离子的浓度，进而影响沉淀反应的速率和前驱体的成分。过高的盐碱浓度可能导致沉淀物过快生成，形成不规则的颗粒形貌，降低前驱体的结晶度和纯度。过低的盐碱浓度则可能使反应过于缓慢，影响生产效率，并且可能导致前驱体颗粒过细，不利于后续的电池性能。

2. 金属离子比例

三元前驱体通常包含镍（Ni）、钴（Co）和锰（Mn）或铝（Al）等金属元素。这些金属元素的比例（如 NCA、NMC 等）对最终正极材料的电化学性能有重要影响。金属离子比例的不同会导致前驱体的晶体结构、电子导电性和离子扩散性能的变化。

3. 盐的种类和纯度

用于合成前驱体的盐类（如硝酸盐、硫酸盐等）的种类和纯度也会影响前驱体的质量和性能。高纯度的盐类可以减少杂质在前驱体中的引入，提高前驱体的纯度。

4. 氨水浓度

氨水在三元前驱体合成中主要作为络合剂使用，它可以与金属离子形成络合物，减缓沉淀速率，有利于形成均匀的前驱体颗粒。

氨水浓度的选择需根据具体的金属离子种类和所需的颗粒形貌进行精确调控。氨水浓度过高时，可能导致溶液中过多的金属离子被络合，使得沉淀反应不完全，影响前驱体的成分和纯度。

5. 反应温度

反应温度是影响化学反应速率的重要因素之一。在三元前驱体合成中，适当的反应温度可以促进金属离子的均匀沉淀，有利于形成结晶度高的前驱体。

过高的反应温度可能导致前驱体颗粒的过度生长和团聚，形成不规则的颗粒形貌；过低的反应温度则可能使反应速率过慢，影响生产效率。

6. pH 值

pH 值是影响沉淀反应的重要因素之一。在三元前驱体合成中，pH 值的变化会直接影响金属离子的沉淀速率和沉淀物的性质。

适宜的 pH 值范围有助于形成均匀、致密的前驱体颗粒。过高或过低的pH 值都可能导致前驱体颗粒的形貌和性能发生变化。

7. 搅拌速度

搅拌速度对于保证溶液中的均匀性和颗粒的分散性至关重要。适当的搅拌速度可以促进金属离子的均匀分布和沉淀物的均匀生成。

过高的搅拌速度可能导致颗粒的破碎和细化；而过低的搅拌速度则可能导致颗粒的团聚和沉降。

8. 固含量

固含量指的是溶液中固体颗粒的浓度。在三元前驱体合成中，固含量的控制对于调节沉淀反应速率和前驱体的颗粒形貌具有重要意义。

过高的固含量可能导致颗粒间的相互碰撞和团聚机会增加，形成较大的颗粒团簇；而过低的固含量则可能降低生产效率。

9. 反应时间

反应时间的长短直接影响了前驱体的生长过程和最终形貌。足够的反应时间可以确保前驱体颗粒的充分生长和结晶度的提高。然而，过长的反应时间也可能导致颗粒的过度生长和团聚现象的发生。

10. 添加剂的使用

在合成过程中，可以添加一些表面活性剂、分散剂等添加剂来改善前驱体的形貌和分散性。这些添加剂可以通过改变溶液的表面张力和界面性质来影响前驱体的生长过程。

11. 反应釜设计

反应釜的设计：反应釜的设计也是影响前驱体合成的重要因素。合理的反应釜设计可以提高溶液的均匀性和传热传质效率，从而有利于前驱体的合成。

12. 洗涤和干燥

（1）沉淀物的洗涤

合成后的前驱体需要进行洗涤以去除残留的盐类和其他杂质。洗涤的方式和洗涤液的选择对于前驱体的纯度和性能有重要影响。

（2）前驱体的干燥和煅烧

洗涤后的前驱体需要进行干燥和煅烧处理以去除水分和有机残留物。干燥和煅烧的条件也会影响前驱体的性能和结构。

综上所述，三元前驱体合成过程中的工艺参数控制是一项复杂而精细的任务。为了实现高质量、高性能的三元前驱体生产，需要对上述各项参数进行精确地调控和优化。同时，随着锂离子电池技术的不断发展和市场需求的变化，对三元前驱体的性能要求也在不断提高。因此，持续研究和改进合成工艺参数是提升三元前驱体品质的重要途径之一。

3.3 水热/溶剂热法

水热/溶剂热法是一种重要的化学合成方法，利用高温高压条件下溶剂的热力学性质，促使物质在溶液中发生化学反应并形成新的晶体或材料。这种方法可以用于制备各种无机、有机，以及复合材料，广泛应用于材料科学、化学工程、能源储存等领域。

1845 年 K. F. Eschafhautl 以硅酸为原料在水热条件下制备石英晶体，是最早采用水热法制备材料科学家。到 1900 年，一些地质学家采用水热法制备得到了许多矿物，其中经鉴定确定有石英，长石，硅灰石等。1900 年以后，G. W. Morey 和他的同事在华盛顿地球物理实验室开始进行相平衡研究，建立了水热合成理论，并研究了众多矿物系统。1944—1960 年间，化学家致力于低温水热合成，美国联合碳化物林德分公司开发了林德 A 型沸石。1985 年，Bindy 首次在 *Nature* 杂志上发表文章报道了高压釜中利用非水溶剂合成沸石的方法，拉开了溶剂热合成的序幕。2006 年，第八届水热反应和溶剂热反应国际会议在日本森岱召开。

随着对新能源、环境保护和医疗领域需求的增加，水热/溶剂热法在合成储能材料、光催化剂、生物医药材料等方面的研究也得到了进一步加强。未来，随着对材料性能和结构控制需求的不断提高，水热/溶剂热法将继续发挥重要作用，并与其他合成方法相互结合，推动材料科学的发展和应用。

3.3.1 定义及特点

1. 水热法定义

水热法是指在特制的密闭反应器（高压釜）中，采用水溶液作为反应体系，通过对反应体系加热、加压（或自生蒸气压），创造一个相对高温、高压的反应环境，使得通常难溶或不溶的物质溶解，并且重结晶而进行无机合成

与材料处理的一种有效方法。

2. 溶剂热法定义

溶剂热法以有机溶剂或非水溶剂（例如有机胺、醇、氨、四氯化碳或苯等），采用类似于水热法的原理，以制备在水溶液中无法长成，易氧化、易水解或对水敏感的材料。

与水热法相比，溶剂热法具有的优点：在有机溶剂中进行的反应能够有效地抑制产物的氧化过程或水中氧的污染；非水溶剂的采用使得溶剂热法可选择原料的范围扩大，比如氟化物，氮化物，硫化合物等均可作为溶剂热反应的原材料；非水溶剂在亚临界或超临界状态下独特的物理化学性质极大地扩大了所能制备的目标产物的范围；由于有机溶剂的低沸点，在同样的条件下，它们可以达到比水热合成更高的气压，从而有利于产物的结晶；由于较低的反应温度，反应物中结构单元可以保留到产物中，且不受破坏，同时，有机溶剂官能团和反应物或产物作用，生成某些新型在催化和储能方面有潜在应用的材料；非水溶剂的种类繁多，其本身的一些特性，如极性与非极性、配位络合作用、热稳定性等，为人们从反应热力学和动力学的角度去认识化学反应的实质与晶体生长的特性，提供了研究线索。

3. 水热/溶剂热法的特点

1）反应在密闭体系中进行，易于调节环境气氛，既可制备单组分微小单晶体，又可制备特殊价态化合物和均匀掺杂化合物。

2）有利于常温常压下不溶于各种溶剂或溶解后易分解、熔融前后易分解化合物的合成，也有利于低熔点、高蒸气压材料的合成。

3）等温、等压条件，有利于生长缺陷少、取向好的晶体，结晶度好，产物粒度易控制。

4）可代替某些高温固相合成反应，同时可直接得到结晶粉末避免了可能形成微粒状团聚，省去了研磨及由此带来的杂质。

5）中间态、介稳态以及特殊物相在水热剂溶剂热条件下易于生成，因此有利于合成开发一系列特种介稳结构、特种凝聚态的新化合物。

水热/溶剂热法与固相反应的差别主要体现在反应机理上：固相反应主要以界面扩散为主；水热和溶剂热反应，以液相反应为主。因机制不同导致不同结构的生成，即使生成了相同的结构也可能由于最初生成机理的差异而为合成材料引入不同的"基因"，如液相条件下生成完美晶体。

水热/溶剂热法的基本反应类型有合成反应、热处理反应、转晶反应、脱水反应、单晶培育、离子交换反应、分解反应、提取反应、沉淀反应、氧化反应、晶化反应、烧结反应及热压反应。

3.3.2 反应机理

水热反应机理研究是当前水热研究领域中令人感兴趣的一个方向。经典的晶体生长理论认为水热条件下晶体的生长包括三个阶段：

1）溶解阶段：反应物首先在水热介质里溶解，以离子、分子或离子团的形式进入水热介质中。

2）输运阶段：这些离子、分子或离子团由于水热体系中存在的热对流以及溶解区和生长区之间的浓度差，被输运到生长区。

3）结晶阶段：离子、分子或离子团在生长界面上的吸附、分解与脱附、运动并结晶生长。

水热条件下晶体的形貌与水热反应条件密切相关，同种晶体在不同的水热反应条件下会产生不同的形貌。简单地套用经典的晶体生长理论在很多时候无法解释一些实验现象，因此在基于大量的实验基础上，产生了新的晶体生长理论——生长基元理论模型。

生长基元理论将晶体的形成同样分为溶解阶段、输运阶段和结晶阶段，但具体过程与经典理论不尽相同。首先是生长基元与晶核的形成，环境相中由于物质的相互作用，动态地形成不同结构形式的生长基元，它们不停地运动，相互转化，随时产生或消灭。当满足线度和几何构型要求时，晶核即生成；其次是生长基元在固-液生长界面上的吸附与运动，在由于对流、热力学无规则运动或者原子吸引力，生长基元运动到固-液生长界面并被吸附，在界面上迁移运动，可代替某些高温固相合成反应；最后是生长基元在界面上的结晶或脱附。在界面上吸附的生长基元，经过一定距离的运动，可能在界面某一适当位置结晶并长入晶相，使得晶相不断向环境相推移，或者脱附而重新回到环境相中。图3-6所示为晶体在水热/溶剂热法中的生长机制。

然而，在水热/溶剂热条件下，关于晶体生长机制存在着许多争议，包括

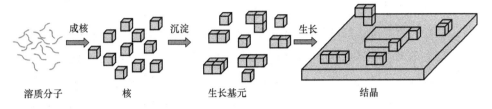

图 3-6　晶体在水热/溶剂热法中的生长机制

晶体表面的生长基元的种类以及晶体生长过程中控制步骤的识别。例如，Schoeman 提出沸石晶体的生长基元可能是硅酸盐阴离子。其他研究人员则提出，在水热条件下，生长基元也可能是纳米颗粒。

3.3.3　反应设备及工艺流程

水热/溶剂热的反应装置主要由高压反应容器和反应控制系统两大核心部分构成。其中，高压反应容器是进行此类合成实验的基础设备（如图 3-7 所示），而反应控制系统则涵盖了温度、压力和封闭系统等多方面的控制功能。

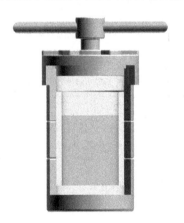

图 3-7　高压反应容器示意图

高压反应容器通常被称为高压反应釜或高压釜，其材质选择至关重要，需满足机械强度高、耐高温、耐腐蚀以及密封性能良好等要求。根据不同的分类标准，高压反应釜呈现出多种类型。例如，根据加热条件的不同，可分为外热高压釜和内热高压釜，前者在釜体外部加热，后者则在内部安装加热装置。另外，按照密封方式的不同，又可分为自紧式高压釜和外紧式高压釜。此外，根据反应体系的不同，还有专门用于封闭实验的高压釜，以及适用于开放系统的流动反应器和扩散反应器等。

一般而言，用于封闭实验的高压反应釜主要由釜盖、釜身和衬里三部分组成。釜盖和釜身通常采用不锈钢材料制成，有时为了增强抗压能力，还会采用碳纤维或玻璃纤维增强的钢材料。为了提高体系的密闭性，釜盖和釜身之间还会加装衬垫。衬里材料的选择通常基于其耐酸碱性能，常见的材料是聚四氟乙烯。然而，当反应温度较高时，可能需要更换为石英衬里。如果反应物与外层材料不发生反应，那么无衬里的不锈钢反应釜也是一个可行的选择。图 3-8 所示为水热法工艺流程示意图。

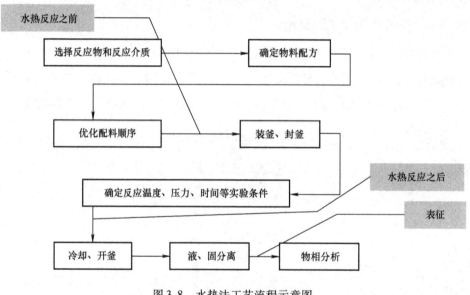

图 3-8　水热法工艺流程示意图

3.3.4　工艺参数的影响

水热/溶剂热法被广泛应用于制备各种纳米材料和功能材料。在反应过程中，以下因素都会影响反应的进行及产物的形貌、结构和性质。

反应物：阴阳离子比例或原料的组成，影响产物的形状。

反应温度：常温～1100℃，影响化学反应过程中的物质活性、生成物的种类、晶体生长速率、晶粒的平均粒度及粒度分布。

溶剂选择：不同的溶剂对于水热/溶剂热法合成具有不同的溶解度、极性和稳定性，会影响反应物质的溶解、扩散和反应速率，从而影响合成产物的结构和形貌。

pH 值：酸碱度在晶体生长、材料合成与制备以及工业处理等过程中扮演极为重要的角色，它会影响过饱和度、动力学、形态、颗粒大小等。举例分析，稀土氢氧化物的制备。

添加剂：水热反应中，添加剂可改善物质的性能，如：矿化剂、缓冲剂、修饰剂、抑制剂。

TiO_2 是一种被研究最广泛的半导体材料，具有价格低廉、性能稳定、储量丰富、无毒等特性。在储能领域，TiO_2 展现出了其独特的价值和潜力。特别地，纳米 TiO_2 在锂离子电池中作为一种高容量负极材料，由于其稳定的结构框架和有利于锂离子快速嵌入/脱嵌的传输路径，受到了科研人员的关注。水热/溶剂热法是一种常见的纳米 TiO_2 合成方法，通过调节反应温度、时间、pH 值、压力和溶剂等条件，可以制备出不同形貌和尺寸的纳米 TiO_2。现以纳米 TiO_2 为例说明水热/溶剂热反应条件对材料的影响。

1. 反应物浓度对 TiO_2 的影响

张一兵等人[一]以 $TiCl_3$ 为原料，采用水热法在玻璃基板上制备了 TiO_2 微米花，研究了 $TiCl_3$ 的起始浓度对生成产物的形貌与晶型的影响。图 3-9a ~ 图 3-9c分别所示为 $TiCl_3$ 初始浓度为 0.075mol/L、0.150mol/L 和 0.300mol/L 时生成的 TiO_2 产物的 SEM 图，可以观察到，$TiCl_3$ 的浓度越大，TiO_2 微米花越大。这是因为高浓度的 $TiCl_3$ 导致反应速度过快，晶体生长时间缩短，从而造成自组装效果差。

2. 反应温度和反应时间对 TiO_2 的影响

Luo 等人[二]探究了水热反应的温度以及时间对 TiO_2 形貌的影响。从图 3-10a可以观察到，在 100℃ 的反应温度下，TiO_2 纳米片层自组装成海胆状

［一］ 张一兵，谈军，江雷. 水热法合成金红石型 TiO_2 微米花的研究［J］. 电子元件与材料，2008，27（7）。

［二］ Wenpo Luo，Abdelhafed Taleb. Large‐Scale Synthesis Route of TiO_2 Nanomaterials with Controlled Morphologies Using Hydrothermal Method and TiO_2 Aggregates as Precursor［J］. *Nanomaterials* 2021，11，365。

图 3-9　不同初始浓度的 TiCl₃ 生成的 TiO₂ 产物的 SEM 图

a) 0.075mol/L　b) 0.150mol/L　c) 0.300mol/L

结构，而当温度提升至 150℃ 时，TiO₂ 片层的卷曲增大（如图 3-10b 所示），
这可能是因为温度升高导致 TiO₂ 的结晶度增强，从而诱纳米片层卷曲。进一
步将温度升高至 200℃ 时，图 3-10c 和图 3-10d 显示 TiO₂ 呈纳米带和纳米管
状。其中，纳米带的厚度约为 10nm，纳米管的直径为 50 ~ 100nm，长度
为 10mm。

图 3-10　不同反应温度和反应时间下生成的 TiO₂ 的 SEM 图

a) 100℃，360min

b)

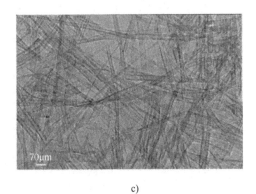

c)

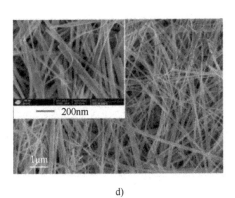

d)

图 3-10 不同反应温度和反应时间下生成的 TiO₂ 的 SEM 图（续）

b）150℃，360min c）200℃，180min d）200℃，360min

3. 溶剂选择对 TiO$_2$ 的影响

溶剂在决定晶体形态方面起着重要的作用。具有不同物理和化学性质的溶剂会影响反应物的溶解度、反应性和扩散行为，特别是溶剂的极性和配位能力会对产物的形貌造成很大的影响。如图 3-11 所示，Xie 等人[⊖]通过调控溶剂乙二醇 - 乙二胺（EG - DEA）的比例，可获得具有不同形貌的 TiO$_2$ 纳米材料。

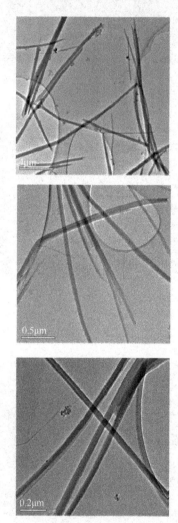

图 3-11　使用不同比例的 EG - DEA 获得的 TiO$_2$ 纳米材料的 TEM 图

⊖ Rong Cai Xie，Jian Ku Shang. Morphological control in solvothermal synthesis of titanium oxide［J］. *J Mater. Sci.*，2007，42，6583-6589。

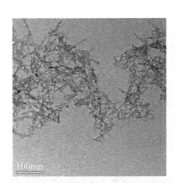

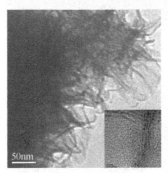

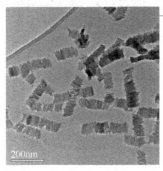

图 3-11 使用不同比例的 EG – DEA 获得的 TiO_2 纳米材料的 TEM 图（续）

Wang 等人[○]将钛酸四丁酯和乙酸铵溶于无水乙醇中，利用乙醇和乙酸的酯化反应，以此来控制钛酸四丁酯的水解。如图 3-12a 和图 3-12b 所示，制备得到的纳米 TiO_2 具有空心结构。同时，他们还尝试直接用乙酸溶剂来合

○ Penghua Wang, Lingang Yang, Lingzhi Wang, et al. Template – free synthesis of hollow anatase TiO_2 microspheres through stepwise water – releasing strategy ［J］. *Mater. Lett.* , 2016, 164：405 –408。

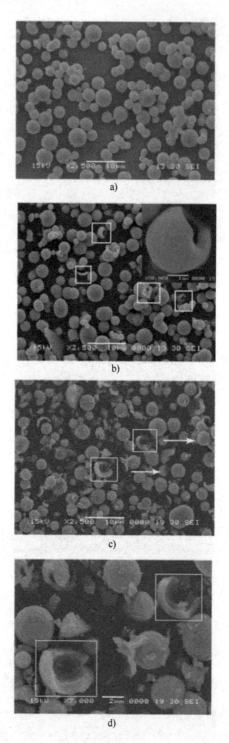

图 3-12　分别使用乙酸铵和乙酸合成的 TiO_2 纳米球的 SEM 图

成，如图 3-12c 和图 3-12d 所示，溶剂的改变导致二氧化钛空心球破碎率很高。如果使用硬脂酸、油酸或者水杨酸和乙醇反应，则无法形成空心结构，这可能是因为在这些溶剂中酯化反应过于缓慢导致的。

4. pH 值对 TiO$_2$ 的影响

Sasikala 和 Poulin 等人[一]使用 P25 作为钛源，与 NaOH 或 KOH 的浓溶液混合均匀后，在高温下进行水热反应，制备出一系列具有不同形貌的 TiO$_2$ 纳米材料，并对碱液浓度和反应温度与钛酸盐纳米结构关系进行了系统性研究。如图 3-13 所示，研究证实，在低温、低浓度碱液的条件下，得到的是 TiO$_2$ 纳米颗粒；随着温度和碱液浓度的进一步提高，会形成 TiO$_2$ 纳米管结构；进一步提升反应温度和液浓度，会形成 TiO$_2$ 纳米带结构。

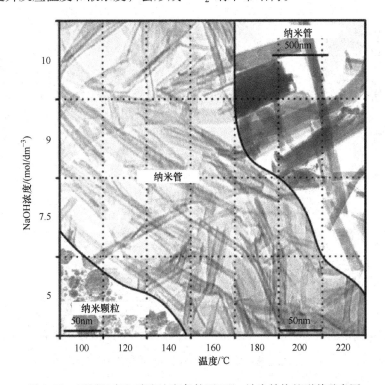

图 3-13 不同温度和碱液浓度条件下 TiO$_2$ 纳米结构的形貌示意图

○ Suchithra Padmajan Sasikala, Philippe Poulin, Cyril Aymonier, Advances in Subcritical Hydro –/ Solvothermal Processing of Graphene Materials [J]. *Adv. Mater.*, 2017, 29（22）: 1605473。

5. 添加剂对 TiO_2 的影响

如图 3-14 所示，福州大学魏明灯教授课题组使用无机氧化物钛酸盐作为前驱体，在不同类型酸的调控下，对反应速率进行调控，从而获得具有不同晶相、结构、尺度、维度、形貌和物化性质的 TiO_2 介晶。例如，H_2SO_4 具有空间位阻作用，使 TiO_6 八面体呈锯齿形连接，形成锐钛矿 TiO_2 介晶，并呈截去两端的八面体，而这一过程中如果加入十二苯磺酸，形成的锐钛矿 TiO_2 介晶呈立方块状。

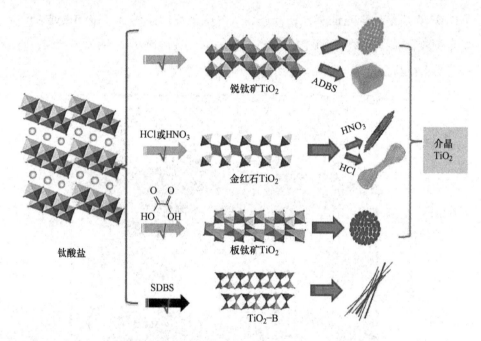

图 3-14　基于钛酸盐前驱体可控制备 TiO_2 介晶

除此之外，反应压强也很重要。压强不仅是选择反应设备的标准，而且还会影响反应物的溶解度。一般范围为 $1 \sim 500MPa$，实验室常用 $1 \sim 20MPa$。影响分子间碰撞机会、反应速度、反应物溶解度及生成物形貌粒径。

3.3.5　水热/溶剂热法的局限性

水热/溶剂热法在纳米材料制备中虽然具有诸多优势，但同时还存在以下局限性：

1）在实验过程中无法直接观察晶体生长和材料合成的实时过程。这导致

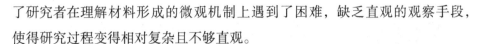

了研究者在理解材料形成的微观机制上遇到了困难，缺乏直观的观察手段，使得研究过程变得相对复杂且不够直观。

2）对设备的要求极高。它需要使用能够耐高温高压的特殊钢材制造的反应釜，同时还需要耐腐蚀的内衬材料，以确保在反应过程中设备不会被破坏。这种高要求的设备不仅制造难度大，而且成本也相对较高，这对于一些资源有限的实验室或研究机构来说，无疑增加了研究的难度和成本。

3）技术难度较大。这是因为该方法对温度和压力的控制要求非常严格，稍有不慎就可能导致实验失败，甚至引发安全事故。因此，操作者需要具有丰富的经验和精湛的技术，才能确保实验的顺利进行。

4）安全性令人担忧。在加热过程中，反应釜中的流体体积会膨胀，从而产生极大的压强。一旦设备出现问题或操作不当，就有可能引发爆炸等安全事故，对实验人员的人身安全构成威胁。

5）虽然水热/溶剂热合成法在材料合成领域有着广泛的应用，但其反应机理尚不完全清楚。这限制了该方法在更深层次的理论研究和应用拓展上的可能性。

3.3.6 水热/溶剂热法的应用

1. 纳米结构材料

纳米结构材料因其特殊的形貌和尺寸效应，在能源存储、催化、传感、光电器件等领域具有广泛的应用前景。合成具有特定形貌和尺寸的纳米结构材料对于实现其特定应用至关重要。水热/溶剂热法作为一种简单、灵活的化学合成方法，在纳米结构材料的合成中表现出了独特的优势。从纳米材料形态学的角度来看，如图 3-15 所示，水热/溶剂热技术已被用于合成具有各种形态特征的纳米材料，如纳米颗粒、纳米球、纳米管、纳米棒、纳米线、纳米带、纳米板等。从纳米材料成分的角度来看，水热/溶剂热技术可以用于加工几乎所有类型的先进材料，如金属、合金、氧化物、半导体、硅酸盐、硫化物、氢氧化物、钨酸盐、钛酸盐、碳、沸石、陶瓷以及各种复合材料。通过选择合适的前驱体、溶剂和反应条件，可以实现对纳米结构材料合成过程的精确控制。

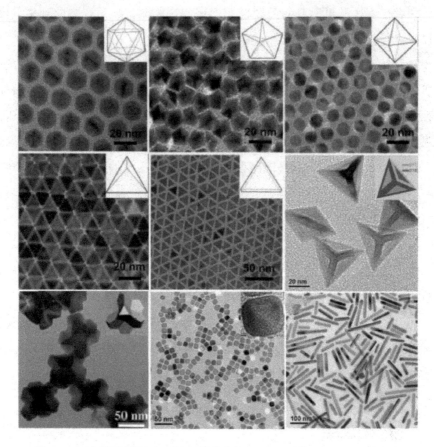

图3-15 利用溶剂热法合成的不同形貌的 Pd 纳米晶体的电子显微镜图像

2. 复合纳米材料

复合纳米材料由于具有两种或两种以上纳米材料的特点，具有多功能的特性，而且通过对材料种类和比例等的调节，可以直接调节材料的性质，因此在很多领域都有非常重要的应用。水热/溶剂热法因为在材料合成领域具有广泛适用性，无论是金属、氧化物或非氧化物，或是高熔点单质和化合物均能通过水热或溶剂热法合成，所以对于复合纳米材料的一步原位合成或分步合成均具有非常重要的地位。

二维过渡金属硫族化合物由于具有独特的物理、化学和电子特性，而成为能源存储和转化领域的研究热点，其独特的层状结构能够提供丰富的离子存储位点和传输通道，是一类具有高理论比容量的锂/钠离子电池负极材料。

然而，电子/离子传导率低、体积变化大、穿梭效应、层间易堆叠等缺点限制了其性能的进一步提升。将过渡金属硫化物与碳材料，如碳纳米颗粒、碳纳米管和石墨烯等复合，可以显著地提高其导电性、防止活性材料发生团聚，同时还能减少材料与电解液的直接接触，减少副反应的发生。如图3-16所示，Yang等人[⊖]用溶剂热法合成了VS$_2$与碳的复合材料（VS$_2$@SNC），由于VS$_2$碳的原位复合可以缓冲由充放电过程中由体积变化产生的应力，电极的结构稳定性得到了显著的提升。

图3-16　用溶剂热法合成的VS$_2$与碳的复合材料

a）SEM图　b）TEM图

⊖　Wenjuan Yang, Ningjing Luo, Cheng Zheng, et al. Hierarchical Composite of Rose – Like VS$_2$@ S/N – Doped Carbon with Expanded (001) Planes for Superior Li – Ion Storage ［J］. *Small*, 2019, 15 (51)。

3. 有机－无机杂化材料

金属有机框架化合物（Metal－Organic Frameworks，MOF）是一类由多齿有机配体与金属离子通过配位作用形成的具有周期性结构的聚合物分子，具有多孔性结构、大比表面积、结构可调性等特点，在电化学能源存储、传感和催化等领域具有广泛的应用。该类材料常用的合成方法包括溶剂蒸发法、扩散法、水热或溶剂热法、微波反应和超声波方法等。其中，水热/溶剂热法是最常见的一种 MOF 材料合成方法，通过在高温高压的水热或溶剂热条件下使金属离子和有机配体在溶液中自组装而形成。MOF 材料的结构可以通过合成过程中配位基团的选择和调控来实现可控制备，从而实现对孔径、孔隙结构和化学性质的调控，有利于实现材料的功能化设计。

MOF 作为一种新兴的有机系电极材料在以下方面具有突出优势：

1）MOF 基电极材料继承了有机电极材料本身的优势，具有原材料成本低、可再生、绿色环保等特点。

2）MOF 类材料作为一种具有高度对称性的聚合物分子，能够有效地改善有机小分子易溶于有机电解液的问题。

3）MOF 中的活性位点种类更加丰富，其中心金属离子和有机分子均可作为电化学反应活性中心，能够通过分子结构设计实现对材料充放电电压、容量、能量密度等参量的调控。

4）MOF 中金属与有机分子间产生的 $\pi-d$ 相互作用，能够大幅改善电子在 MOF 分子中的传导。

南开大学李福军研究员课题组报道了一种基于金属和配体双活性位点的二维 MOF－Fe－TABQ 用于可持续的锂离子电池正极材料 TABQ（四胺基对苯醌）。通过表征，推测该材料是以 $Fe-N_2O_2$ 为金属节点，对苯胺为桥梁，通过铁离子与配体间的 $\pi-d$ 共轭相互作用连接而形成链状结构，再通过链间分子间相互作用最终形成交错堆叠的二维层状结构，如图 3-17 所示。

暨南大学化学与材料学院宾德善和李丹团队报道了一种导电金属－有机框架（HAN－Cu－MOF），该材料中富 N 芳香分子和 CuO_4 单元，通过 $\pi-d$ 共轭构建的多孔导电金属有机骨架（MOF）可以提供多个可接近的氧化还原活性位点，保证在高温下高效储钾的强大结构稳定性，如图 3-18 所示。

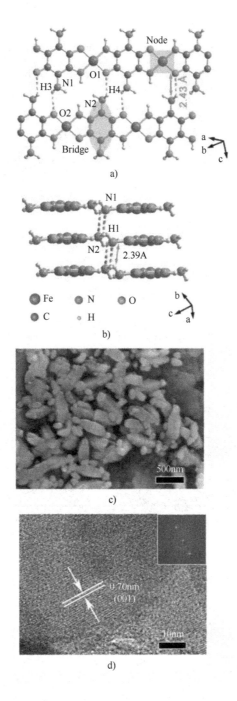

图 3-17 MOF – Fe – TABQ 的结构示意图、SEM 图和 TEM 图

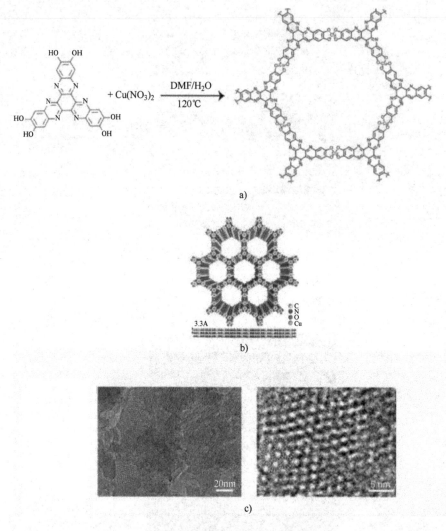

图 3-18　HAN – Cu – MOF 材料

a）合成路线图　b）结构示意图　c）高分辨率 TEM 图

3.4　化学气相沉积法

3.4.1　定义及原理

化学气相沉积（Chemical Vapor Deposition，CVD）是指通过气相物质在固体表面进行化学反应，生成固态沉积物的工艺过程。该工艺过程可分为 3

个过程：

1）产生挥发性物质。

2）挥发性物质运输到沉积区。

3）挥发性物质在基体上发生化学反应。

该过程常见反应有热分解反应、还原反应、氧化反应、加氨反应、合成反应、等离子激光反应、光激发反应等。

3.4.2 主要仪器设备

按设备腔室温度分类，CVD 可分为热壁 CVD（Hot – wall CVD）和冷壁 CVD（Cold – wall CVD）。

1. 热壁 CVD 机台

在热壁 CVD 机台中，整个反应室，包括壁部分，都会被加热到所需的工作温度。热壁 CVD 的工作原理是将气体引入预热的反应室中。这些气体在接触到高温的反应室壁和衬底时分解或发生化学反应，形成所需的薄膜并沉积在衬底。主要优势是更均匀的温度分布和更高的反应效率。因为在热壁 CVD 中，整个腔体都被加热，因此可以在整个硅片上实现更均匀的薄膜沉积。热壁 CVD 也适合在高温下进行的反应，因为整个腔体都是加热的，可以实现更高的反应温度。此外，由于温度分布的均匀性，热壁 CVD 通常可以提供更好的薄膜品质和更高的沉积率。图 3-19 所示为热壁 CVD 立式（流化床）设备示意图。

2. 冷壁 CVD 机台

在冷壁 CVD 机台中，加热源主要集中在衬底上，而反应室的壁部分保持相对较低的温度。衬底通常是通过射频或电阻加热的。在高度控制的条件下，含有所需材料的气体被引入到反应室。由于衬底的高温，这些气体会在衬底上发生化学反应，形成所需的薄膜。主要的优势是快速加热和冷却的能力。这是因为只有底座被加热，而腔体壁保持冷却。这可以大大减少不必要的反应和化学物质的积聚，从而改善设备的清洁性和效率。冷壁 CVD 也可以减少气体在腔体壁上的沉积，进一步改善了硅片的均匀性和产品的产量。这种类型的设备更适用于某些特殊工艺，如某些低温工艺，或者当热预处理可能会破坏薄膜或底片时。

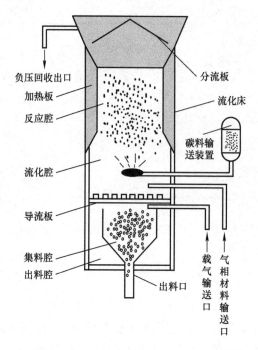

图 3-19　热壁 CVD 立式（流化床）设备示意图

此外，按腔体中反应类型或压力划分，可分为低压 CVD(LPCVD)、常压 CVD（APCVD）、亚常压 CVD（SACVD）、超高真空 CVD（UHCVD）、等离子体增强 CVD（PECVD）、高密度等离子体 CVD（HDPCVD）和有机金属 CVD（MOCVD）等，根据衬底不同，加热温度及速度、加热压强不同，选取不同设备。如图 3-20 所示，是冷壁式 CVD 设备的示意图。

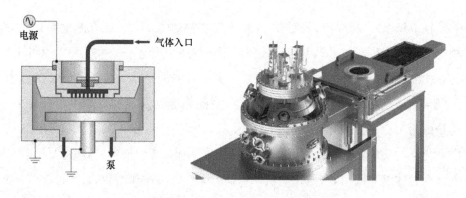

图 3-20　冷壁式 CVD 设备示意图

3.4.3 工艺参数的影响

化学气相沉积，顾名思义采用的是气体沉积在载体上的一种新型材料制备技术，其主要控制参数为反应温度，反应气以及载气流量和流速，反应器内压力等。

以下是气体混合比对沉积的影响因素：

1）沉积速率：气体的混合比例可以改变反应速率，从而影响沉积速率。例如，增加氢气或氩气的流量可能会降低沉积速率，而增加硅烷或甲烷的流量可能会增加沉积速率。

2）薄膜质量：气体混合比例也可以影响薄膜的表面粗糙度和致密性。某些气体比例可能导致薄膜中产生更多的孔洞或杂质，而另一些比例则可能产生更光滑、更致密的薄膜。

3）化学成分：气体混合比例直接决定了生成薄膜的化学成分。通过调整气体流量，可以控制各种元素在薄膜中的比例，从而实现所需的材料性能。

4）晶体结构：某些气体混合比例可能会影响生成的晶体结构。例如，改变硅烷和氢气的比例可能会影响硅基薄膜的晶体取向或晶格常数。

5）选择性沉积与反应：某些气体组合可能会在特定材料上发生选择性的化学反应，从而实现选择性的沉积。这对于在复杂结构上沉积薄膜或在特定区域上形成薄膜非常重要。

6）副产物控制：化学气相沉积过程中会产生副产物，如未反应的气体、分解产物等。合理的气体混合比例可以减少副产物的生成，提高沉积的纯度和效率。

7）化学计量比：对于实现特定化学计量比的薄膜（如掺杂半导体），精确控制气体混合比例是至关重要的。这有助于实现所需的电子和光学性能。

8）反应温度与压力：气体混合比例有时也会影响所需的反应温度和压力。这可能会影响沉积过程的动力学和热力学特性。

3.4.4 化学气相沉积法的特点

1. 沉积速率高

化学气相沉积具有较高的沉积速率，可保证薄膜均匀，沉积的速率可以调整，可以根据所需的沉积速度调整配方和条件，使得沉积速率更加精准。

2. 沉积温度低

化学气相沉积不需要很高的温度，对于一些高熔点的物质甚至可以在较低的温度下进行沉积，同样，高温条件下过度的热解和氧化也不会导致结构的损坏，从而更加稳定地保证了材料的性能。

3. 满足高精度的制备

化学气相沉积具有高度的精密度，可形成非常薄的沉积物，可达到十分精细的要求。材料的加工更加可控，可以保证形成准确的膜厚和组分。

4. 匀质性好

化学气相沉积所沉积的薄膜具有较好的均匀性，厚度不变性好，沉积形成的纯度也较高。在化学气相沉积过程中，原子或分子要经过严格的反应条件才可以获取足够的能量激发，保持了物理和化学的均匀性，从热力学角度及化学途径上，可保证薄膜准确性和稳定性。

5. 材料多样性

化学气相沉积的原理比较简单，同时可以取到比较好效果；因此可以制备多种材料。通过选择不同的反应气体和沉积条件，可以制备不同的金属，半导体，绝缘体，有机材料等等。材料的形态也可以自由定制。

总之，化学气相沉积技术不仅应用广泛，而且具有成本低，精密度高等优势，并被广泛应用于电子、备件，航空航天等领域。

3.4.5　化学气相沉积法的应用

1）复合材料制备：化学气相沉积法可以用于制备各种复合材料，活性物质材料表面碳包覆，纤维状或晶须状的沉积物。

2）半导体产业：化学气相沉积法被广泛用于生长单晶硅和多晶硅，这些材料是制作集成电路（IC）的基础材料。此外，化学气相沉积法的还可以用于生长其他半导体材料，如氮化硅和氮化铝，这些材料用于制作高电子迁移率场效应晶体管（HEMT）等器件。

3）微电子学工艺：在半导体器的制作过程中，化学气相沉积法扮演着关键角色，特别是在外延、掩膜、光刻、扩散等工艺环节。

4）半导体光电技术：化学气相沉积法可以用来制备半导体激光器、发光二极管、光接收器和集成光路等设备。

5）太阳能利用：化学气相沉积法可以制备太阳能电池，这是一种重要的利用无机材料进行光电转换的方法。

6）光纤通信：化学气相沉积法生产的高质量石英玻璃棒用于制作通信用光导纤维。

7）超导技术：化学气相沉积法生产的 Nb_3Sn 超导材料用于制造高场强的小型磁体。

8）保护涂层：化学气相沉积法可以用于制备耐磨涂层、摩擦学涂层和高温涂层等。

9）石墨烯制备：化学气相沉积法可以通过化学气相沉积法制备大面积和高质量的石墨烯薄膜。

综上所述，化学气相沉积法是一个关键的科学技术手段，它不仅在新能源材料与半导体产业中有广泛应用，还在其他多个领域有着重要作用。

3.5 其他化学法

3.5.1 溶胶－凝胶法

溶胶－凝胶法是用含高化学活性组分的化合物作前驱体，在液相将这些原料均匀混合并进行水解、缩合化学反应，形成稳定的溶胶体系；溶胶经陈化，胶粒间缓慢聚合，形成三维空间网络结构的凝胶。先将原料溶液混合均匀，制成均匀的溶胶，并使之凝胶，在凝胶过程中或在凝胶后成型、干燥，然后煅烧或烧结得所需粉体材料。采用该方法的化学计量比可以精确地控制，能够较均匀定量地掺入一些微量元素，实现分子水平上的均匀掺杂，反应容易进行，所需温度较低，所制备的材料颗粒尺寸接近，且形貌优良。溶胶－凝胶法制备的材料颗粒尺寸细小，与电解液接触的界面大，而良好的层状结构让材料容量衰减速度减慢。

相比于高温固相法，溶胶凝胶法在原料混合、细化颗粒等方面有着明显优势，但制备过程耗时较长且操作复杂，因此限制了该法的扩大化生产。溶胶－凝胶技术需要的设备简单，过程易于控制，与传统固相反应法相比，具有较低的合成及烧结温度，可以制得高化学均匀性、高化学纯度的材料，但是合成周期比较长，合成工艺相对复杂，成本高，工业化生成的难度较大。

应用领域

1）基于溶胶－凝胶法，人们已经能制成大量的复杂材料，并且研究相应的理论。近年来，有报道的基于溶胶－凝胶技术合成的新材料有发光太阳能集光器，用于智能窗户的光致变色、电致变色和气致变色板，环境和生物杂质传感器，在可见光范围内可调的固态激光器，线性和非线性光学材料，半导体量子点和可用于诊断和生物标志物的稀土离子络合物。

2）金属氟化物是典型的固体结晶物，与金属氧化物相比，在一些特别的多相反应中，金属氟化物的催化性能更活泼而且化学性能更稳定。由于这些优异的性能，在过去的十年，金属氟化物获得了广泛的关注。一般来说，有两种基于溶胶－凝胶法的金属氟化物合成方法，一种是间接法，另一种是直接氟解法。间接法在合成过程中不直接形成金属氟化物，而是先生成三氟醋酸盐凝胶，再经过热降解最终生成金属氟化物；直接氟解法则是氢氟酸氟解前驱物（如金属醇盐）后直接生成金属氟化物。

3）在电子学领域，ITO 与 FTO 导电玻璃兼具了高透明度和高电导率，是光电学器件理想的原材料。但是这两种导电玻璃，不仅制作成本较高而且本身具有难以克服的脆性，这迫使研究者们制备出一类集透明度、导电性、柔韧性且附着力良好的新材料。

制备思路即用溶胶凝胶材料包封纳米银线。研究者先将勃姆石（一种水软铝石）与锐钛矿（TiO_2）制成晶体凝胶，然后将水凝胶与纳米银线以不同的比例混合喷涂在基材上形成薄膜。喷覆该薄膜的导电玻璃不仅与 ITO 相似的电学稳定性、透光率、电导率，除此之外还突破性地获得了极佳的弹性。该方法简单易行，但值得注意的是，过程中形成的纳米晶体对所成膜的性能有重要影响。这种方法为制作新型生物传感器（因为银和水软铝具有生物相容性）、电致变色涂料、太阳电池模块、储能器以及冷凝器提供了途径。

3.5.2　模板法

模板法是溶胶－凝胶法的进一步发展，它可以根据合成材料的大小和形貌设计模板，通过模板的空间限制和调控对合成材料的大小、形貌、结构和排布等进行控制，对纳米磷酸铁锂的合成有指导意义。但是由于生产成本高，不适合大批量生产。

模板法作为一种制备纳米材料的有效方法，其主要特点是不管是在液相中或是气相中发生的化学反应，其反应都是在有效控制的区域内进行的，这就是模板法与普通方法的主要区别。模板法合成纳米材料与直接合成相比具有诸多优点，主要表现为：

1）以模板为载体精确控制纳米材料的尺寸和形状、结构和性质。

2）实现纳米材料合成与组装一体化，同时可以解决纳米材料的分散稳定性问题。

3）合成过程相对简单，很多方法适合批量生产。

模板法通常用来制备特殊形貌的纳米材料，如纳米线、纳米带、纳米丝、纳米管与片状纳米材料等。可采用模板法制备的纳米材料种类有很多，但最常用模板制备的纳米材料主要是Ⅱ-Ⅵ族、Ⅲ-Ⅴ族纳米材料与部分氧化物纳米材料。

模板法根据其模板自身的特点和限域能力的不同又可分为软模板和硬模板两种。二者的共性是都能提供一个有限大小的反应空间，区别在于前者提供的是处于动态平衡的空腔，物质可以透过腔壁扩散进出；而后者提供的是静态的孔道，物质只能从开口处进入孔道内部。

应用领域

1）DNA分子是生物体系中遗传信息的携带者，近年来人们开始意识到利用DNA分子为模板构建具有特定结构和形状的无机纳米粒子的可行性和应用价值。通过对DNA中碱基对的裁剪可以人为设计和精确控制DNA分子的长短。DNA分子直径较小，分子识别能力和自组装能力很强，是很好的生物模板。而各种大量的具有特定长度和特定序列的DNA可以在合成器中自动生成。这些进展为利用DNA精确控制纳米材料合成提供了前提条件。

2）蛋白质也是一种性能良好的生物模板，整个生物界中已知存在的蛋白质总数逾百万种。蛋白质是由若干个氨基酸通过肽键连成的长链生物大分子。生物体内几乎一切最基本的生物活动都与蛋白质有关。蛋白质含有丰富的羟基、氨基、磷酸根等功能基团，具有很强的识别作用和良好的骨架结构。

3）以具有特定结构的生物组织作为模板，利用生物自组装及其空间限域效应，通过生物体的生理特性，可以设计和合成出具有不同形貌及结构的无机功能纳米材料。微生物细胞具有各种各样的几何外形，如球状、丝状、螺旋状、玉米状、刺毛状等。用现有的任何加工手段都很难加工出如此精致的三维图形，它们为纳米材料的合成提供了丰富的模板。

3.5.3　喷雾热解/干燥法

喷雾热解/干燥法是将各金属盐按制备复合型粉末所需的化学计量比配成前驱体溶液，经雾化器雾化后，由载气带入设定温度的反应炉中，在反应炉中瞬间完成溶剂蒸发、溶质沉淀形成固体颗粒、颗粒干燥、颗粒热分解和烧结成型等一系列的过程，最后形成规则的球形粉末颗粒。

喷雾热解法是一种得到均匀粒径和规则形状的磷酸铁锂粉体的有效手段。前驱体随载气喷入 450~650℃ 的反应器中，高温反应后得到磷酸铁锂。喷雾热解法制备的前驱体雾滴球形度较高、粒度分布均匀，经过高温反应后会得到类球形的磷酸铁锂。磷酸铁锂球形化有利于增加材料的比表面积，提高材料的体积比能量。

喷雾干燥法是将金属盐溶解于溶剂中形成均匀的溶液，呈流变相，使起始原料达到分子级混合，通过物理手段使其雾化，再经过物理、化学途径将其转变为超微粒子的方法。

3.5.4　冷冻干燥法

冷冻干燥包括三个基本过程：冻结（预冻阶段）、升华干燥（一次干燥阶段）、解析干燥（二次干燥阶段）。干燥过程与冻结过程密切相关，冻结的程度或状态直接影响干燥过程中水分去除快慢和冻干产品的质量。

盛有溶液的容器与冷表面接触后，溶液内部存在一定的温度分布。产品底部的温度最低，过冷度最大，也最易产生冰核，并且由于结晶放出的潜热传给过冷溶液和容器壁等原因，溶液各个位置的温度分布不同，因而也形成了不同的结构，产品内部结构主要取决于产品在冻结过程中冻结界面的性状和推进速度。一般完全冻结的溶液瓶内存在三个部分：

1）底部均匀的冰晶层，晶核主要在此区形成，溶质少。

2）柱状区，为冰晶生长区，溶质主要存在于冰晶间隙，并且随冰晶向上推进核温度梯度的存在，溶质产生由下至上的迁移。

3）表面浓缩层，在这部分由于预冻过程中溶质的迁移而形成高浓度的表层区。

冷冻干燥法是一种广泛应用于多个领域的干燥技术，其通过升华从冻结的产品中去除水分或其他溶剂。这种技术因其独特的优势，如能保留食品的营养成分和口感、提高药品的稳定性和质量，以及延长生物制品的保质期等，而被广泛应用于食品、制药、生物制品、化妆品、农药等多个领域。

1）食品干燥：冷冻干燥在食品干燥领域中有着广泛的应用。由于冷冻干燥过程中没有高温，因此可以保留食品的营养成分和口感。此外，冷冻干燥还可以提高食品的保质期，延长食品的保存时间。例如，冷冻干燥的水果干、蔬菜干、肉类干等食品深受消费者喜爱。

2）制药干燥：由于冷冻干燥可以有效保留药品的药效和质量，因此在制药行业被广泛使用。冷冻干燥可以减少药品的水分含量，提高药品的稳定性和质量。此外，冷冻干燥还可以减少药品的生产成本，提高药品的经济效益。

3）生物制品干燥：由于冷冻干燥可以有效保留生物制品的活性成分和质量，因此在生物制品行业被广泛使用。冷冻干燥可以减少生物制品的水分含量，提高生物制品的稳定性和质量。此外，冷冻干燥还可以延长生物制品的保质期，延长生物制品的使用寿命。

4）化妆品干燥：由于冷冻干燥可以有效保留化妆品的成分和质量，因此在化妆品行业被广泛使用。冷冻干燥可以减少化妆品的水分含量，提高化妆品的稳定性和质量。此外，冷冻干燥还可以延长化妆品的保质期，延长化妆品的使用寿命。

5）农药干燥：由于冷冻干燥可以有效保留农药的成分和质量，因此在农药行业被广泛使用。冷冻干燥可以减少农药的水分含量，提高农药的稳定性和质量。此外，冷冻干燥还可以延长农药的保质期，延长农药的使用寿命。

第4章

新合成制备技术

4.1 静电纺丝技术

在制备纳米材料的各种方法中,静电纺丝技术在过去数十年中开辟了低成本、简便、高效和可连续的纳米纤维制造技术路线。静电纺丝作为新兴的纳米纤维制造技术,可制备具有多种不同功能和用途的纳米结构,使其拥有大的比表面积、高的孔隙率、良好的机械强度以及表面功能化等优异的综合性能。但是如何能够连续、稳定、大量、经济地制备形貌和结构均匀并可调控的纳米纤维以及纤维膜,是静电纺丝产业化的最大挑战。

4.1.1 定义及原理

近年,各式各样的一维纳米结构,如纳米线、棒、带、管、环及纤维等,由于其新颖的性质和在许多领域独特的应用越来越受到人们的关注。随之而来的是大量先进的合成方法被用来合成具有形貌和化学成分可控的一维纳米结构。在这些合成方法之中,静电纺丝技术(又称电纺法)作为一种相对简单和通用的策略被用来合成一系列聚合物的一维纳米结构。这里静电纺丝技术具有一些明显的优势:首先它是一种比较简单和廉价的方法,不需要太多的设备上的投资;另外通过静电纺丝技术很容易调控纤维的直径、纵横比、面容比以及孔径等;最后多功能的复合纳米纤维能够通过后处理几种可溶的溶液纤维而得到等。因此,静电纺丝技术已经被广泛地应用于合成各种功能性的纳米/微米纤维,而这些纳米/微米纤维也有望被广泛地应用于各个领域,例如光电纳米器件、化学和生物传感器、催化和电催化作用、环境方面的应用、能源方面的应用以及生物医药方面的应用等。

静电纺丝技术的发展,实际是静电喷雾技术的一种衍生。目前电纺丝纳米纤维在可控制造新结构方面取得了很大的进展，特别是在电纺丝纤维经过热处理形成碳纳米纤维（CNF）作为电化学/可充电储能的电极材料。尽管仍存在许多挑战，但静电纺丝技术已被证明能够生产纳米纤维，并越来越多地用作能源材料。随着技术路径的不断完善，静电纺丝将是获得具有独特多孔结构、大比表面积、定向输运和离子输运长度短等优点的优秀一维纳米材料的有希望的候选方法，可广泛应用于新能源器件中。

首先对静电纺丝仪器的基本构造进行介绍。图4-1a和图4-1b分别所示为静电纺丝装置的原理图和实物图，可以看出，整套装置主要有三个部件构成：一个是高压静电发生器，主要是能够产生强度为 $100 \sim 3000 kV/m$ 的一个高电场；另一个是连有供液系统的喷丝头，供液系统一般就是一个注射器；

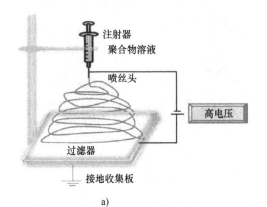

a)

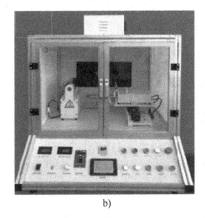

b)

图4-1　静电纺丝装置

a）原理图　b）实物图

c)

d)

图 4-1　静电纺丝装置（续）

c）静电纺丝纤维 SEM 图　　d）静电纺丝法制备的电池隔膜

最后一个就是接地收集板，主要用来收集产物（一般为金属板或铝箔等）。一般的实验过程如下所述：首先将事先配制好的溶液放入到一个带有金属喷射头的注射器中，而金属喷头的内径一般为 $100\mu m \sim 1mm$。在实验中，金属喷头和接地收集板之间的距离通常为 $10 \sim 25cm$。注射器主要是使配好的溶液能够以一个连续的可控的速度流向喷丝头。而在工作时通过高压静电发生器在金属喷头与接地收集板之间产生一个强度为 $100 \sim 3000kV/m$ 的高电场。这样在外加电场作用下，悬在金属喷头的聚合物液滴能够具有很好的导电性，并且在其表面均匀地产生诱导电荷，形成与液体表面张力相反的电场力。随着电场的增强，当电场力和液滴表面张力相等时，在喷头的液滴便会被拉伸成锥状，形成"泰勒锥"。继续增加电场，当电场力大于液滴表面张力时，液滴将会形成喷射液流，喷射到收集板上。事实上，在高压电场的作用下，液滴在喷射过程中极其不稳定，经过一系列的不规则的螺旋运动，液滴逐渐被拉长，直径也越来越小，同时随着溶剂的不断挥发，产物最终散落在收集装置上。到目前为止，已有超过100种天然的或者合成的聚合物纤维被合成出来，例如聚丙烯腈（PAN）、聚乙烯醇（PVA）、聚乳酸（PLA）、聚甲基丙烯酸酯（PMMA）、聚苯乙烯（PS）、聚环氧乙烷（PEO）、聚乙烯咔唑（PVK）和聚己酸内酯（PCL）等（见图4-1c和图4-1d）。

4.1.2 工艺参数的影响

静电纺丝过程的主要影响参数包括溶液参数、工艺参数和环境参数（见表4-1），通过改变这些参数可以调节最终纳米纤维的结构形貌、几何尺寸、孔隙率和比表面积等。溶液的电导率反映了射流上的电荷密度，从而反映射流在电场作用下的伸长水平。在相同的施加电压和纺丝距离下，电导率较高的溶液形成的射流沿其轴线的伸长率较高，从而产生直径较小的纺丝纤维。使用有机酸作为溶剂或添加盐作为纺丝溶液中电荷的载体，均可提高溶液的导电性，并在提高静电纺丝的生产率方面发挥着重要作用。另外，聚合物分子量对溶液的导电性、表面张力、介电性能和黏度等影响很大，能否选择合适的高分子量聚合物溶液作为纺丝原料是静电纺丝成功与否的关键因素，高分子量聚合物溶液可以提供纺丝所需的溶液黏度，因为聚合物溶液在过低的黏度下不容易被拉丝成纤维，而在过高的黏度下很难将聚合物溶液从针尖喷出。适当的外加电压是将聚合物尖端液滴

表4-1 静电纺丝过程的主要影响参数

溶液参数	工艺参数	环境参数
聚合物溶液浓度	外加电压	温度
聚合物分子量	纺丝距离	湿度
溶液黏度	纺丝速率	压强
电导率	针管内径	
表面张力	收集器类型	

转变成泰勒锥的必要条件。然而，当外加电压过高时，聚合物溶液中会产生过高的电荷密度，导致聚合物溶液迅速从针尖喷出，产生细小且不稳定的泰勒锥。因此，静电纺丝过程中需要保持适当的电压、恒定的纺丝速率和合适的纺丝距离以获得稳定的泰勒锥。环境参数主要包括温度和湿度等，主要影响针尖处聚合物溶液的干燥和拉伸状况，通常静电纺丝需在稳定的温度以及环境湿度低于35%的条件下进行。

4.1.3　静电纺丝技术的种类

与纳米光刻、熔融纤化和自组装等类似的纳米纤维生产方法相比，静电纺丝具有高生产率、低成本、广泛的材料适应性和一致的纳米纤维质量等独特组合优势。静电纺丝原理简单、用途广泛、适应性强，已衍生出各种变体技术，如溶液静电纺丝、熔融静电纺丝、气流静电纺丝、乳液静电纺丝、同轴静电纺丝、多喷嘴静电纺丝和无针静电纺丝等，可提供多种纳米结构，如核壳结构、管状结构、多孔结构、空心结构、交联结构和颗粒包裹结构等。

1. 溶液静电纺丝

溶液静电纺丝是指聚合物溶液在高压电场的作用下，克服液滴表面张力形成不断加速、拉伸的射流，最终在接收装置上形成无纺布状纳米纤维的技术。溶液电纺纳米纤维具有密度低、比表面积大、孔隙率高、轴向强度大、均匀性好和形貌可控等优势，可以实现从微米到纳米尺度的纤维高效、便捷的连续制备，由于溶液静电纺丝技术的制造设备简单、成本低和纺丝原料来源范围广等特点，已成为近年来研究和应用最多的纳米纤维制备方法之一。

2. 熔融静电纺丝

熔融静电纺丝是在高温条件下直接将聚合物熔融并通过静电纺丝形成纤维的技术。与溶液静电纺丝类似，熔融静电纺丝过程中影响纤维形成的因素有很多，包括聚合物分子量、熔体温度、纺丝电压和纺丝距离等。传统的溶液静电纺丝有两个明显的缺点：一是使用了危险溶剂；二是溶剂的快速蒸发可能会导致纤维表面的缺陷。熔融静电纺丝是溶液纺丝的一种更便宜、更环保和更安全的替代方法，其主要缺点是需要一个复杂的加热系统装置。另外，聚合物熔体具有较高的黏度和较低的导电性，使得熔融静电纺丝制备的纤维直径要大于溶液静电纺丝制备的纤维直径，这阻碍了其进一步发展。人们做出了大量努力来克服这个问题，例如使用气体辅助以及控制喷射路径温度等方法。

3. 气流静电纺丝

气流静电纺丝是在普通静电纺丝机的喷丝头上增加气流喷射系统，该系统可提供气流与聚合物射流间的摩擦力的合力对射流进行拉伸，从而得到均匀的纳米纤维。静电纺丝同一聚合物可使用不同种类的溶剂或溶剂混合物，当使用混合溶剂系统时，其中一种溶剂应具有高挥发性，以便于聚合物溶液的干燥和拉伸，但在低湿度的条件下，注射器针尖上的聚合物液滴会迅速干燥，难以形成泰勒锥，为了避免这种情况，气流静电纺丝技术允许在高挥发性溶剂中进行纺丝，并根据所需的纤维特性提高生产率。气流静电纺丝不仅能制备出纤细、均匀的纳米纤维，而且产量更高，可解决传统静电纺丝产量少、纺丝面积小和液滴较多等问题。

4. 乳液静电纺丝

乳液静电纺丝是将油包水（W/O）或水包油（O/W）乳液作为纺丝溶液，只需一个喷嘴即可静电纺丝出具有核壳结构纳米纤维的技术。乳液的流变性和稳定性被认为是乳液静电纺丝的关键因素，添加表面活性剂作为乳化剂是制备静电纺丝乳液的常用方法，表面活性剂的种类和浓度影响着纤维的形态和性能。在纺丝过程中，乳液中靠近表面区域的溶剂比聚合物射流中心部分蒸发得更快，导致外层的黏度比内层的黏度增加得更快。随后，在高压电场的作用下，乳液液滴从表面向中心诱导内移，液滴在纳米纤维的轴向同时凝聚和拉伸，最终形成核壳结构。通常，乳液静电纺丝纳米纤维材料具有低毒、生物相容性好和可生物降解等优点，被认为是该领域溶液静电纺丝的替代品，可广泛应用在外科修复、伤口敷料、生物薄膜、人造皮肤和药物输送系统等生物医学领域。

5. 同轴静电纺丝

将普通静电纺丝单喷嘴改造成由粗细不同的两根毛细管共同组成的同轴静电纺丝喷嘴系统，是另一种制备核壳结构纳米纤维的纺丝技术。纺丝过程中，核层和壳层材料分别放置在两个不同的注射器中，由两个独立的推进泵分别控制推速，两种聚合物溶液在同轴喷嘴处汇合，在高压电场的作用下形成泰勒锥，进而拉伸、固化得到具有核壳结构的复合纤维。同轴静电纺丝最大的特点是可以将黏度大的、可纺性良好的聚合物作为壳层，可纺性差的聚合物作为核层，在壳层液体带动下核层聚合物溶液被拉伸成丝，从而提高整体聚合物溶液的可纺性。

6. 多喷嘴静电纺丝

多喷嘴静电纺丝是将普通静电纺丝单喷嘴升级为由多喷嘴喷丝板组成的静电纺丝系统，是实现纳米纤维高效和批量制备的技术。单喷嘴静电纺丝纳米纤维具有许多优异的性能，但缺点之一是生产率低。多喷嘴纺丝是改善纳米纤维的直接方法，通过增加喷丝头的数量可显著地提高生产力。利用多喷嘴组合的混合静电纺丝技术是获得增强、改性新型纳米结构材料的一种重要途径，可以同时合成多种具有规则微观结构的复合纳米纤维。然而，在纺丝过程中，多个喷嘴的带电射流之间存在电场的相互干扰的问题。利用多喷嘴阵列的布置和收集器的优化可以解决这个问题。

7. 无针静电纺丝

无针静电纺丝是无需注射器来控制聚合物溶液的泵送，直接实现无针即可静电纺丝出大量纳米纤维的技术。与带有注射器的静电纺丝相比，无针纺丝的优点：一是可以避免纺丝过程中聚合物流体在针头处的堵塞；二是可以大批量、大规模地制备纳米纤维。单针静电纺丝制备的纳米纤维产量低，通常只适用于实验室的小规模研究，极大地限制了纳米纤维产业化和商业化的应用，无针静电纺丝的生产效率可以比传统单针静电纺丝（0.2g/h）高几十甚至上百倍。理论上，无针静电纺丝的生产效率是上述纺丝种类中最高的，因为其聚合物溶液的几何形状允许一次性产生数十到数百个喷气丝状物，但其需要更高的电压来促进其纺丝的形成。

4.1.4 静电纺丝技术在锂离子电池硅碳复合负极材料中的应用

静电纺丝技术在锂离子电池硅碳负极材料的研究中发挥了重要的作用。以下是对静电纺丝技术在锂离子电池硅碳负极材料中的作用：

1）实现结构控制：静电纺丝技术可以实现对硅碳负极材料的结构控制，例如核壳结构、纤维结构等。通过调节聚合物溶液的组成、喷丝参数和电场强度，可以控制纤维的直径、形状和分布，从而调节材料的性能。

2）提高界面稳定性：静电纺丝技术可以将包覆材料（如碳纳米纤维）包裹在硅材料表面，形成核壳结构。这种核壳结构可以提高硅材料与电解液之间的界面稳定性，减少界面反应和电解液中锂离子的损失，从而改善电池的循环寿命。

3）改善电导性能：通过静电纺丝技术制备的纳米级纤维结构具有高比表面积和孔隙结构，可以提供更多的电子传导路径和离子扩散通道，从而提高材料的电导性能，降低电阻和功率损耗。

4）缓解体积膨胀效应：硅作为负极材料在充放电过程中会发生体积膨胀效应，导致材料的结构破裂和容量衰减。静电纺丝技术可以通过纤维的柔性和可伸缩性来缓解硅材料的体积膨胀效应，提高材料的循环稳定性和容量保持率。

5）实现复合材料设计：静电纺丝技术可以将硅材料与其他功能材料（如碳纳米管、金属氧化物等）进行复合，形成多层结构或核壳结构。这种复合材料设计可以充分发挥各种组分的优势，如提高电导性能、增加储能容量和改善循环稳定性。静电纺丝技术在锂离子电池硅碳负极材料中的应用具有多种优势，包括结构控制、提高界面稳定性、改善电导性能、缓解体积膨胀效应以及实现复合材料设计等。

这些优势有助于提高锂离子电池的循环寿命、倍率性能和能量密度，推动硅碳负极材料在高能量密度储能系统中的应用。然而，静电纺丝技术仍然面临一些挑战，如纤维的尺寸和分布控制、材料的可扩展性和工艺的工业化等，需要进一步研究和优化。

静电纺丝可实现多种常见结构的锂离子电池硅碳复合负极材料，包括纳米纤维结构、核壳结构和多孔结构等。这些结构的设计旨在提供高比表面积、导电性和孔隙结构，以促进锂离子的嵌入和脱嵌，并减轻材料与电解液之间的相互作用。这样的设计可以改善硅碳复合材料的电池性能，包括提高容量、循环稳定性和充放电速率等方面的表现。具体的结构设计会受到材料特性、电池要求和制备条件等因素的影响。如 Pei 等人⊖利用同轴静电纺丝技术制备

⊖ Y. Pei, Y. Wang, A. Chang, et al. Nanofiber – in – Microfiber Carbon/Silicon Composite Anode with High Silicon Content for Lithium – ion Batteries［J］. Carbon, 2023, 203: 436 – 444。

了一种富硅复合负极材料，其中硅纳米颗粒固定在聚丙烯腈（PAN）纤维上，形成微纤维结构。纳米纤维的结构和中间的空隙有助于应对锂化/脱锂过程中的体积膨胀问题。这种新型复合材料的纳米纤维-微纤维结构已得到验证。由于硅含量达到40%，这种独特的纤维负极材料成功地平衡了与富硅负极相关的一些挑战，经过200次循环后，实现了900mA·h/g的比容量和90%的容量保持率。Xu等人成功制备了一种具有核壳结构的硅/碳@碳纳米纤维（Si/C@CNF），其中硅的负载量为40wt%。为了实现柔性、稳定和高能量密度的电池应用，纤维的芯部引入了PVC-碳作为导电网络。这种碳网络连接了每个硅纳米颗粒，显著提高了Si/C@CNF非织造布负极在高速率下的稳定性。Si/C@CNF负极在0.1A/g的电流密度下提供了高达1506.5mA·h/g的可逆容量，在2A/g的高电流密度下展现出555.0mA·h/g的可逆容量。以0.2A/g的电流循环500次后，可逆容量保持率高达86%，库仑效率接近100%。因此这种Si/C@CNF柔性非织造布负极的优越性能使其在锂离子电池领域得到广泛应用。

4.1.5 静电纺丝技术在固体氧化物燃料电池电极材料中的应用

近几十年，固体氧化物燃料电池（Solid Oxide Fuel Cell，SOFC）技术开始发展起来并处于无碳技术领先地位。传统固体氧化物燃料电池一般在高温下工作，对电极材料的要求高。人们就开始设想降低工作温度的办法，将工作温度降低至600~800℃的中温段，发展中低温固体氧化物燃料电池（IT-SOFCS）。传统SOFC一般在高温下工作。因此，就需要改善组成材料的性能，从而使得其在相对低的温度下进行工作。静电纺丝技术制备的电极材料，是由微米尺度甚至是纳米尺度纤维构成的三维网络结构，具有较高的孔隙率和反应附着位点，有利于提高低温反应活性。

SOFC对于阴极材料要求是由其工作环境决定的。其主要作用是起传递电子和透过氧的作用。因此要求阴极材料是具有多孔的电子电导薄膜材料。目前对于SOFC阴极材料的研究，是基于ABO_3型的钙钛矿结构材料。主要有两种类型，包括以$LaMnO_3$和$LaCoO_3$为基础的材料。在最近的实际研究中通常将单相材料与电解质材料形成复合阴极材料。一方面，增加了阴极材料与电解质的匹配性；另一方面改善单相材料的性能。在SOFC电极反应发

生场所是阴极与电解质以及反应气体接触的三相界面处。想要提高电池的
性能,就需要拓展三相反应区面积。通过将电极材料与电解质材料进行复
合,可以在一定程度上拓展三相界面。同时静电纺丝所制备的纤维所形成
的三维空间网络对于拓展三相界面是有利的,也更有利于不同材料的复合。
如 $La_{1-x}Sr_xMnO_3$(LSM)因为存在氧交换动力学缓慢和低温度下的高活化
能,而显著降低其性能。相同条件下传统 LSM 阴极材料的电池性能低于静
电纺丝制备的 LSM 纤维阴极,纤维结构的 LSM 在 700℃ 下极化电阻为
$0.07\Omega\cdot cm^2$。其次 LSM 低温下离子电导率严重不足。因此在实际的使用中
会在 LSM 中引入具有混合离子电导的材料。由于 LSM 对于氧化钇稳定氧化
锆(YSZ)电解质具有较好的相容性。通过静电纺丝制备出的阴极材料,由
纤维堆叠形成三维网络结构,具有相当可观的孔结构,有利于氧的扩散。
通过静电纺丝制备的 LSM 和 YSZ 纤维的直径为几百纳米,长度为几十微米,
并且在较低的热处理温度(600℃)得到单相 LSM。通过静电纺丝技术形成
LSM/YSZ 复合阴极材料有多种方式。一种是将 LSM 和 YSZ(质量比 1∶1)
形成的聚合物纺丝溶液,进行静电纺丝,在 1000℃ 下烧结成相,相对于传
统的复合阴极体系具有更高的孔隙率,能够改善阴极反应的电子转移,以
及离子传输,同时增加活性位点。另一种是将两种材料纺丝溶液通过同轴
钢针进行静电纺丝,能够得到具有核壳结构的材料。由外层 LSM、内层 YSZ
组成的玉米芯式的显微结构的纤维阴极,在 800℃ 下最大功率密度高达
$1.15W/cm^2$,优于传统的 LSM – YSZ 复合阴极。

　　未来,随着对更高的能源密度和功率密度的需求,将引导人们对下一代
能源转换和存储设备的追求,这将很大程度上依赖于材料制造技术的发展。
静电纺丝技术可用于制备多种超细纳米纤维,而静电喷雾技术可用于制备微
纳米薄膜以及微米/纳米颗粒等特殊结构。静电纺丝/静电喷雾作为新兴的纳
米纤维制造技术,可制备具有多种不同功能和用途的纳米结构,使其拥有大
的比表面积、高的孔隙率、良好的机械强度以及表面功能化等优异综合性能。
通常,只需选择合适的静电纺丝工艺以及合理地控制静电纺丝参数,即可生
产出具有所需性能的纳米纤维材料。因此,静电纺丝/静电喷雾技术制备的低
成本、高质量的纳米材料必将会在锂离子电池、燃料电池、太阳电池和超级

电容器等电池领域得到进一步研究和发展。

4.2 磁控溅射技术

4.2.1 定义及原理

　　磁控溅射技术是一种利用磁场控制离子轨迹的物理气相沉积技术。通过在溅射靶材附近创建磁场，可以使电子的路径弯曲，从而增加电子与气体原子的碰撞概率，提高气体的电离率，生成更多的离子，增加了靶材的溅射率，并改善了膜层的均匀性和附着力，可以在衬底表面沉积出均匀的薄膜。随着微电子器件、微传感器等朝微型化的方向发展，体积小、比能量高的薄膜锂离子电池也逐渐引起人们的关注。磁控溅射法制备的薄膜具有表面均匀、结构致密、纯度高及与基片附着程度好等优点，是目前制备薄膜电池使用的正极薄膜、电解质薄膜和负极薄膜较好的方法。但磁控溅射中的靶材消耗量大，且利用率低（一般在30%以下）。

　　1852年，英国物理学家格洛夫（W. Grove）发现了阴极溅射，由于该方法要求工作气压高、基体温升高和沉积速率低等，阴极溅射在生产中并没有得到广泛的应用。20世纪70年代，查宾（J. Chapin）发明了平衡磁控溅射，使高速、低温溅射成为现实，磁控溅射真正意义上发展起来。20世纪90年代，大连理工大学牟宗信博士采用非平衡磁控溅射技术在AZ31镁合金基底上制备氮化硅薄膜，试样表现出良好的耐腐蚀性能。1996年，美国橡树岭国家实验室的Wang等人使用射频磁控溅射技术，采用$LiCoO_2$靶材，在Ar/O_2为3:1的条件下制备了$LiCoO_2$薄膜。得到的薄膜在空气中700℃退火处理后结晶性良好，表现为规则的六方体结构。以该薄膜为正极制备的全固态薄膜锂电池表现出优异的循环性能，每周期容量衰减仅为0.0001%。2012年中国科学院兰州化学物理研究所龚秋雨等人采用中频磁控溅射技术，制作了W、Al共掺杂含氢非晶碳薄膜。中频磁控溅射与直流磁控溅射的区别是将直流磁控溅射电源改为交流中频电源，溅射电源的频率范围处于10~80kHz范围。中频交流磁控溅射相对于传统的磁控溅射技术而言，它能为高绝缘材料提供稳定、无电弧、高沉积速率的镀膜环境，这为薄膜的大批生产提供了潜在的商机。脉冲磁控溅射采用矩形波电压的脉冲电源代替传统直流电源进行磁控溅射沉积，溅射沉积率可以大幅度提高，而且沉积温度也比较低。

　　溅射是利用一些具有高能的粒子去轰击固体表面，经高能粒子轰击后，固体表面的表层粒子以一定的速度离开的现象。磁控溅射技术就是利用了这个原理：首先粒子在电场的作用下变成高能粒子，高能粒子去轰击靶材，从而靶材表面发生溅射效应。飞溅出来的靶材粒子沉积到准备好的基底表面，慢慢积累最终形成一层薄膜。图 4-2 所示为常见的磁控溅射设备示意图。磁控溅射仪主要由溅射真空室、磁控溅射靶、基片水冷加热公转台、工作气路、抽气系统、安装机台、真空测量及电控系统等部分组成。

图 4-2　常见的磁控溅射设备示意图

　　图 4-3 所示为磁控溅射镀膜原理图，即将磁控溅射靶材放在真空室内，在阳极（真空室）和阴极（靶材）之间加上足够的直流电压，形成一定强度的静电场 E。然后再在真空室内充入氩气，在静电场 E 的作用下，氩气电离

并产生高能的氩离子 Ar^+ 和二次电子 e_1。高能的 Ar^+ 在电场 E 的作用下加速飞向溅射靶，并以高能量轰击靶表面，使靶材表面发生溅射。在溅射粒子中，中性的靶原子（或分子）沉积在基材上形成薄膜。磁控溅射技术主要是利用了磁场的作用，增加了电子与气体原子的碰撞机会，不仅提高了正离子对靶材轰击的效率，同时还降低了基材的温度，因此磁控溅射具有高效低温的特点。

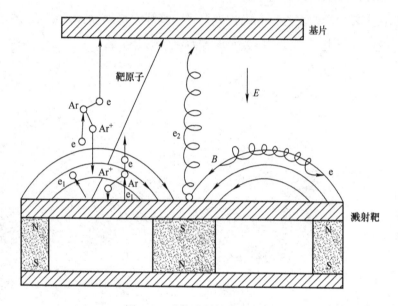

图 4-3 磁控溅射镀膜原理图

4.2.2 磁控溅射技术的种类

磁控溅射根据系统所用电源的不同可以分为直流溅射、中频溅射、射频溅射和脉冲溅射等。直流溅射运用的是直流电源，只能用于导电材料靶材，工艺设备简单，溅射效率高，常用于制备金属薄膜和高温稳定性材料薄膜。但是直流反应溅射过程不稳定，工艺过程难以控制，易发生阳极消失、阴极中毒、放电打弧等问题，限制了其应用。中频溅射运用的是中频电源，溅射速率较快，薄膜质量较低，适用于溅射绝缘体和低熔点材料，常用于制备光学镀膜和显示器薄膜。射频溅射运用的是交流电源，产生的等离子体更加稳定，离子的轰击能量比中频溅射更高，能够制备更加均匀和致密的薄膜，适用于制备一些需要高质量和高均匀性的薄膜。适合于各种导体、半导体和绝缘材料的溅射镀膜，但溅射效率较低，设备价格较高。脉冲溅射运用的是矩形波电压的脉冲电源，脉冲溅射可以有效地抑制电弧产生进而消除由此产生的薄膜缺陷，同时可以提高溅射沉积速率，降低沉积温度，特别适合用于制备绝缘薄膜和各种氧化物、氮化物薄膜。

4.2.3 磁控溅射技术的特点

磁控溅射成膜技术工艺简单，避免了其他成膜技术中的除油、活化等复杂的前处理过程，并且沉积速率快、环保无污染，所制得的金属薄膜均匀性好，解决了其他成膜方法中薄膜开裂的问题。磁控溅射技术得以广泛的应用是由该技术的特点所决定的，其特点可归纳为以下6种。

1. 可制备的薄膜种类丰富

不同种类的导电材料（比如碳棒、金属、金属氧化物、铁磁）、半导体材料以及绝缘材料（比如陶瓷、聚合物）等，只要能制备成靶材的材料，都可以制备成薄膜。根据靶材种类的不同，磁控溅射技术可制备不同功能的薄膜。除此之外，采用多靶溅射系统，将种类不同的靶材同时溅射或者按不同溅射次序溅射可以制备不同组分的混合物、化合物薄膜。

2. 成膜速率高

磁控溅射技术中阻抗低的等离子体，使得工作过程中的放电电流高：当阴极长度决定的放电电流的变化范围在100A以内时，电压在500V左右。利用磁控溅射技术制备薄膜时，沉积速率达到 $1 \sim 10nm/s$，具有较高的成膜速率。

3. 制备的薄膜成膜一致性好

即使在很长的阴极溅射的情况下，制备的薄膜层也具有较好的一致性，所以说磁控溅射技术可以制备一致性较好的薄膜层。基板温升低不会造成制得的薄膜损坏。靶材表面层被溅射后，溅射出来的粒子具有约几十 eV 的能量，且薄膜与基材间的结合力较强。

4. 成膜可控性高

磁控溅射技术可以调控的参数有很多，比如溅射功率、溅射时间、通入氩气的气流量和溅射压强等，通过调节这些工艺参数，就可以调控薄膜的成膜性能。磁控溅射技术尤其适合进行大面积镀膜并且对膜均匀度要求较高的操作。

5. 基板温升低

这是磁控溅射技术典型的特点。在磁控溅射工作过程中，做摆线运动的高能电子与充入磁控溅射设备的工作腔室内的气体分子（一般指 Ar）不断地发生碰撞，就是在这种碰撞中，高能电子将自身的高能量传递给气体分子，高能粒子能量变低成为低能粒子，所以就不会使基板过热。还有一些观点认为，轰击工件表面的电子浓度影响工件温度的变化：如果电子的密度不够高，即使电子的能量再高，也不会造成轰击过程中较大的温度变化。

6. 可实现"高速"溅射

利用磁控溅射技术，可以实现溅射速率 $10^2 \sim 10^3 \, nm/min$。"高速"溅射的实现是因为电子的运动方式、平均自由程低、电离效率高等原因。二次电子作摆线运动，这种运动方式使电子的运动路程增大，要经过几百米的飞行后才被阳极吸收，并且电离效率高，易于放电。

4.2.4 磁控溅射技术在锂硫电池中的应用

下面以磁控溅射技术在锂硫电池中的应用[⊖]为例进行介绍。锂硫（Li–S）电池是一种极具发展前景的新型电源系统，近年来该领域的研究取得了长足的进步。锂硫电池的优势在于其环保经济，而且正极活性物质——硫，在自然界中的储备极为丰富，硫的理论比容量高达 $1675 mA \cdot h/g$，但是由于硫材料的电子导电性差、充放电过程中的脱溶及明显的体积膨胀收缩问题，限制了其大规模的应用和商业化发展。合肥工业大学张静课题组采用射频磁控溅射法以钛（Ti）和铝（Al）为靶材，在硫/活性炭（S/AC）表面进行射频磁控溅射镀膜处理，得到复合正极材料 S/AC/Ti 和 S/AC/Al。超高真空磁控与离子束联合溅射设备结构简图如图 4-4 所示，磁控溅射舱室呈圆柱形，可借助分子泵和机械泵调节舱室内的真空度，舱内底部设有 4 个溅射靶，用于固定基片的 6 个样品台则位于舱室上方，可匀速转动，便于均匀成膜，通常以氩（Ar）气作为溅射气体。氩原子被电离成为氩离子（Ar^+）并产生二次电

⊖ 张静，江海燕，刘彩霞，等. 射频磁控溅射法在锂硫电池改性研究中的应用 [J]. 新材料产业，2020，10（4）：42–45。

子，由舱室侧面的窗口可以观察到此时舱室内将产生辉光。Al 和 Ti 的微粒都具有高电导率，同时这些微粒形成的颗粒膜能够在一定程度上拦截多硫化锂向电解液中溶解和穿梭，维持电池性能稳定。交流阻抗和循环伏安测试表明，S／AC／Al 的电荷传递阻抗最小，电化学极化程度最低，氧化还原反应速度最快。S／AC／Al 复合材料的电化学性能提升明显，初始放电容量较 S／AC 复合材料的 1197mA·h／g 提升至 1257mA·h／g，100 次循环后容量保持率较 S／AC 复合材料的 53% 提升至 78%。后续该课题组以滤纸为基片，通过射频磁控溅射法在其表面分别沉积了金属颗粒"薄膜"Ti 和 Al，再放入真空管式炉，在 Ar－氢气（H_2）气氛下进行阶段式升温碳化，自然冷却，制成导电碳膜，正极与隔膜之间，制得电池样品。电池 200 次循环后容量保持率仍可达到 98% 以上，充分体现了碳膜夹层在维持电池稳定性方面的重要作用。

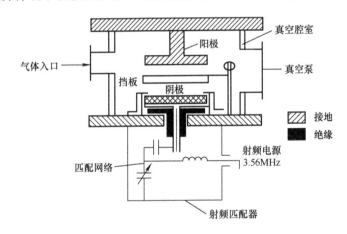

图 4-4　FJB560B1 型超高真空磁控与离子束联合溅射设备结构简图

4.2.5　磁控溅射技术在柔性全固态薄膜锂电池中的应用

下面以磁控溅射技术在柔性全固态薄膜锂电池中的应用[一]为例进行介绍。柔性全固态薄膜锂电池具有轻质、可赋形等特点，在可穿戴、柔性显示等领域具有非常广阔的应用前景。全固态锂电池采用固态电解质替代锂离子电池有机电解液和隔膜，一方面，从根本上解决了易燃电解液泄漏带来的安全问

[一]　王胜利，傅方樵，宁凡雨，等. 柔性全固态薄膜锂电池［J］. 电源技术，2019，43（8）1250 – 1252，1256。

题；另一方面，使用固态电解质抑制了锂枝晶，电池负极可以使用金属锂，理论上比能量可大幅提升。常见的全固态薄膜锂电池大多采用 LCO/LiPON/Li 结构，因为高温相的 LCO 具有高的理论比能量、循环稳定性。而且 LiPON 固态电解质电化学窗口宽、性能稳定，是一种理想的电解质材料。中国电子科技集团公司第十八研究所王胜利工程师，基于磁控溅射技术实现了 $LiCoO_2$ 正极、LiPON 固态电解质和金属 Li 负极等关键材料的薄膜化沉积，并最终以柔性超薄不锈钢为基底成功制备了 $LiCoO_2$/LiPON/Li 柔性全固态薄膜锂电池。电池采用叠层结构设计，以不锈钢薄片为基底，通过更换掩膜板使电池各功能层设计成不同的形状和尺寸，工艺路线如图 4-5 所示。采用射频磁控溅射法制备 LCO 正极薄膜，LCO 靶材直径为 75mm（纯度 99.99%，厚度 5mm）。本底真空优于 5×10^{-4}Pa，溅射功率 70W，溅射气体为高纯 Ar，工作气压为 0.2Pa，基底以 2r/min 速率匀速转动以保证沉积薄膜的均匀性。为获得高温相 LCO 薄膜，溅射后的薄膜被转移至氧气流通的管式炉内，然后将管式炉以 5~10℃/min 升温至 700℃ 并恒温 30min 后自然降温至室温，完成薄膜的退火。采用射频磁控溅射法制备 LiPON 电解质薄膜，以 Li_3PO_4 为原料，经反复球磨后压制烧结成 Li_3PO_4 靶材，靶材直径为 75mm，厚度为 5mm，本底真空优于 5×10^{-4}Pa，溅射功率为 60W，工作气压为 0.2Pa，溅射气体为高纯 N_2。金属 Li 负极薄膜采用真空热蒸发的方式制备。

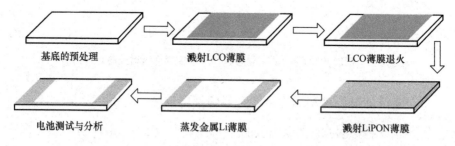

基底的预处理 → 溅射LCO薄膜 → LCO薄膜退火 ↓

电池测试与分析 ← 蒸发金属Li薄膜 ← 溅射LiPON薄膜

图 4-5　柔性全固态薄膜锂电池工艺路线图

图 4-6a 和 b 分别为磁控溅射制备的 LCO 薄膜表面和截面 SEM 图，可见薄膜表面由棱角分明的四面体堆叠在一起，整体比较平整，厚度均匀，该条件下（溅射时间 10h）沉积薄膜厚度约为 1.2μm，沉积速率 2nm/min。图 4-6c 所示为退火后 LCO 薄膜的表面 SEM 图，可以看出经退火后薄膜形貌发

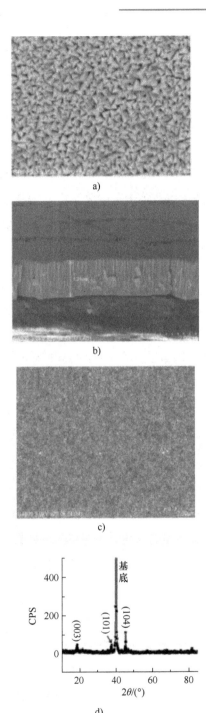

图 4-6 LCO 薄膜形貌与结构表征

生很大变化，棱角分明的四面体转变成圆形颗粒，同时薄膜致密度提高。但局部出现较大裂纹，这可能是由于退火时 LCO 薄膜与基底的热膨胀系数不同导致的。图 4-6d 所示为镀铂硅片上 LCO 薄膜经高温退火后的 XRD 曲线，除去基底在 $2\theta = 40°$ 附近出现的衍射峰外，2θ 在 18°、37°、45° 附近分别出现了较强衍射峰，这分别对应着晶体结构 LCO 的（003）、（101）和（104）晶面。而已知磁控溅射制备的 LCO 薄膜为非晶态结构。这表明，退火使 LCO 薄膜发生重结晶得到（104）晶面择优取向的多晶结构 LCO 薄膜。而（104）取向晶面更有利于锂离子的嵌入与脱出，进而会提高电池性能。另外，退火重结晶过程也是导致薄膜形貌发生改变的原因。

图 4-7 所示为射频磁控溅射制备的 LiPON 固态电解质薄膜的 SEM、XRD 及电化学性能测试结果。由图 4-7a 和 b 可见薄膜表面光滑平整、无颗粒，呈现典型非晶结构特征。对电解质薄膜来说，没有缺陷的表面是非常重要的，它直接决定了电池制备的成功率，并影响电池的内阻和循环性。溅射时间 6h 条件下，沉积薄膜厚度约为 600nm，计算沉积速率为 1.6nm/min。图 4-7c 所示的 XRD 曲线仅在 $2\theta = 25°$ 附近出现较大"鼓包"，无其他特征衍射峰，表明该方法制备的 LiPON 薄膜为非晶结构。选用玻璃作为基底，蒸发金属 Al，完成 Al/LiPON/Al 器件测定 LiPON 固态电解质薄膜的离子电导率，通过电化学工作站在室温下测量其交流阻抗谱（频率范围为 1mHz ~ 1MHz）。阻抗谱由高频的半圆和低频的直线组成，如图 4-7d 所示，等效电路模型拟合交流阻抗谱表明，半圆直径对应着固态电解质的体电阻 R，并经公式 $\sigma = d/(RA)$（其中 d 为固态电解质的厚度，A 为器件的有效截面积）计算得出制备的 LiPON 电解质薄膜的离子电导率 $\sigma = 3.3 \times 10^{-7} S/cm$。

在 LCO 薄膜和 LiPON 薄膜研究制备的基础上，真空蒸发金属 Li 薄膜，完成电池的制备，并在手套箱内进行电化学性能测试。图 4-8 所示为柔性全固态薄膜锂电池样品实物照片，不锈钢薄片的尺寸为 10cm × 10cm，可同时完成 6 个电池的制备，单个电池有效面积为 1cm × 1cm。通过控制镀膜时间，LCO 薄膜厚度约为 300nm，LiPON 薄膜厚度约为 600nm，金属锂薄膜厚度约为 300nm。电池在 3.0 ~ 4.2V 电压范围内，10μA 恒电流充放电，电池首次放电

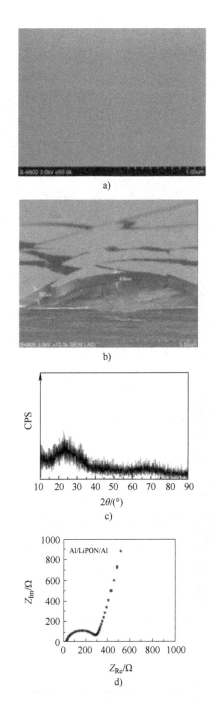

图 4-7 射频磁控溅射制备的 LiPON 固态电解质薄膜的电化学性能测试结果

a)、b) 薄膜的表面及截面 SEM 图片　c) 薄膜的 XRD 测试曲线　d) Al/LiPON/Al 结构交流阻抗谱容量达到 13.1μA·h。电池可 65μA（5C）恒电流充放电，放电容量约为 13μA（1C）放电容量的 80%，表现出良好的倍率和循环性能。

图 4-8　柔性全固态薄膜锂电池样品实物照片

磁控溅射具有的沉积范围宽、沉积速度快、易于控制、涂层面积大、薄膜附着力强等特点，广泛应用于锂电池材料的制备和改性中，包括电极材料、固体电解质以及其他电池组件（隔膜、中间层、集流体等）。作为基体材料，大多数衬底只能是面积有限的自支撑材料（膜、片、块等），无法满足实验室研究和实际生产的需要。因此需进一步对设备的结构进行升级，包括但不限于改变溅射方向（适用于粉末样品的表面涂层）、卷对卷衬底台（适用于大规模生产）以及与其他设备的真空互连（适用于工艺复杂的空气敏感样品），加强其产业化应用。磁控溅射技术在金属负极材料、高比能负极表面制备人工固体电解质界面（SEI）膜和柔性全固态薄膜锂电池方面的应用都很有前景。目前磁控溅射技术在电池材料中的应用更多的是尝试性的工作，缺乏系统的理论指导。因此，在随后的工作中，需加强理论与实践的联系，并利用材料基因组和第一性原理计算等理论来指导磁控溅射的应用。